U0393027

Dimension Parameter of
Interior Design

室内设计
数据手册

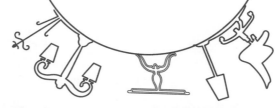

施工与安装尺寸

理想·宅 编

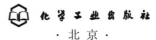

化学工业出版社

·北京·

内容简介

　　本书主要对装修施工尺寸数据中的重点、难点、盲点进行逐一列举并用图表方式进行讲解。内容包括不同工种的施工流程以及具体施工步骤中的尺寸要求和允许偏差，通过图解、表格等多种形式，让读者一目了然地知道相关数据与尺寸的来龙去脉，帮助读者加深印象。本书可供装饰工程施工人员、设计人员参考，也可供相关院校师生、培训学校师生等参考阅读。

图书在版编目（CIP）数据

　　室内设计数据手册. 施工与安装尺寸/理想·宅编.—北京：化学工业出版社，2020.11（2022.5重印）
　　ISBN 978-7-122-37744-9

　　Ⅰ.①室… Ⅱ.①理… Ⅲ.①室内装饰设计-手册
Ⅳ.①TU238.2-62

　　中国版本图书馆CIP数据核字（2020）第174322号

责任编辑：王　斌　邹　宁　　　　　　装帧设计：王晓宇
责任校对：张雨彤

出版发行：化学工业出版社（北京市东城区青年湖南街13号　邮政编码100011）
印　　装：北京新华印刷有限公司
880mm×1230mm　1/32　印张6½　字数150千字　2022年5月北京第1版第2次印刷

购书咨询：010-64518888　　　　　售后服务：010-64518899
网　　址：http://www.cip.com.cn
凡购买本书，如有缺损质量问题，本社销售中心负责调换。

定　　价：58.00元　　　　　　　　　　　　版权所有　违者必究

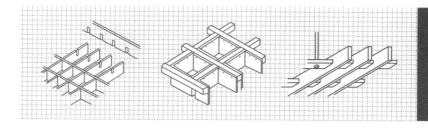

在室内装修中，数据与尺寸一直是很重要的参数。它体现了装饰装修的精准性，影响着装饰装修空间的美感、舒适感与安全性，也是装饰工程相关人员必备的常识与知识。有的数据尺寸是有关规范、标准等文件的强制性要求，是必须执行的要求；有的数据尺寸是判断工程质量等级的标准依据。

本书的内容涵盖了基础结构施工尺寸、水路施工尺寸、电路施工尺寸、瓦工施工尺寸、木工施工尺寸、油饰施工尺寸、门窗安装尺寸和设备安装尺寸八个章节，注重内容的完整性、实用性、易读性，适合室内设计相关人员查询使用。

本书参考了部分文献和资料，在此衷心表示感谢。因编写时间较短，编者能力有限，书中难免有不足和疏漏之处，还请广大读者给予反馈意见，以便及时改正。

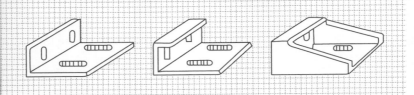

目录

第一章　结构施工中的尺寸要求

第二章　水路施工中的尺寸要求

第三章 电路施工中的尺寸要求

第四章　瓦工施工中的尺寸要求

第五章　木工施工中的尺寸要求

第六章　油饰施工中的尺寸要求

第七章　门窗安装中的尺寸要求

室内门安装 ——————————————————————— 171

室内窗安装 ——————————————————————— 180

第八章 设备安装中的尺寸要求

洁具安装 ————————————————————————— 184

灯具安装 ————————————————————————— 190

电器安装 ————————————————————————— 196

第

一

章

结构施工中的
尺寸要求

建筑结构是指在房屋建筑中，由梁、板、柱、墙、基础等建筑构件形成的具有一定空间功能并能安全承受建筑物各种正常荷载作用的骨架结构，是能够承受各种作用的体系。在对结构进行改造时，特别需要注意相关数据的要求和规定，以免留下安全隐患。

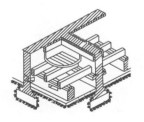
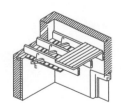

拆改施工

装修工程开始后，一般都会涉及墙体改造，在墙体拆除过程中有很多施工的要点和规范。

墙体拆除尺寸

墙体拆除主要是指毛坯房内的非承重墙体。这一部分的墙体拆除后，不会影响到楼层的原有承重结构，同时可对室内格局进行重新改造。

1 操作流程

定位拆除线 ➡ 切割墙体 ➡ 打眼 ➡ 拆墙

2 注意事项

房屋承重结构不可改动，这部分墙体是楼房的支柱，若被拆改，容易引发楼体塌陷等危险情况。

不可拆除的墙

连接阳台的墙体	承重墙
连接阳台的墙体一般是承重墙，即使在上面凿洞开窗也非常危险。	现在高层住宅建筑中承重墙一般为钢筋混凝土构造，用铁锤敲击后就能识别。

3 施工尺寸

（1）切割墙体

手持式切割机	大型墙壁切割机

使用手持式切割机切割墙面，切割深度保持在 20 ~25mm。

使用大型墙壁切割机切割墙面，切割深度以超过墙体厚度 10mm 为宜。

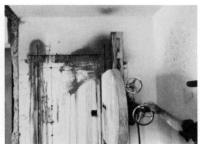

（2）打眼

拆除大面积墙体时，使用风镐在墙面中分散、均匀地打眼，减少后期使用大锤拆墙的难度。

（3）拆墙

大锤拆墙作业时，先从侧边的墙体开始，逐步向内侧拆墙。拆墙作业时切记，不能将下面的墙体全部拆完后，再拆上面的墙体。应当从下面的墙体开始，逐步、呈弧形向上面扩展，防止墙体发生坍塌危险。

止水反梁尺寸

止水反梁一般是指在厨房、卫生间等处有水房间与外界隔离时，在墙根部设置的上翻梁或上反素混凝土止水带。

1 操作流程

定位放线 → 切割 → 吸尘 → 防水 → 布筋 → 制模板 → 水泥砂浆搅拌 → 倒水泥砂浆 → 拆模板 → 质量检查 / 修补 → 养护

2 注意事项

在放地面与墙面及顶面线时，要把卫生间及厨房或有防潮区域的墙体上要做止水带处的位置线放好、放准确。

原有建筑墙体

原有建筑地面

割槽位置

3 施工尺寸

定位放线	弹线的宽度保持在 100mm 左右
切割	在止水带与墙面及顶面交接处切割时，须在两边距离弹线 100mm 左右的位置切割地面原有建筑找平层、墙面原有建筑粉刷层以及顶面梁位原有建筑粉刷层，这样可以有效预防止水带跑位
布筋	与旧墙体交接处必须铲除原有墙体粉刷层，在地面每隔 200mm 宽与原地面打孔布筋，并在旧墙体 150mm 高度处打孔布筋；倒反梁高度为 180~300mm，门洞下倒反梁高度为 40~50mm
制模板	模板的高度不超过 200mm
水泥砂浆	配制比例为 1：2，要求拌和均匀、颜色一致

新砌墙体

砌墙工程是指普通黏土砖、承重黏土空心砖、蒸压灰砂砖、粉煤灰砖、各种中小型砌块和石材的砌筑。

砖砌隔墙施工尺寸

砖砌墙体是一种最为常见的隔墙砌筑形式，采用红砖、空心砖、轻体砖等材料，搭配水泥砌筑而成，质量坚固，具有良好的抗冲击性。

1 操作流程

砖体浇水湿润 ➡ 放线 ➡ 制备砂浆 ➡ 砌筑墙体 ➡ 墙体粉刷

2 注意事项

新砌的墙体砖块本身较重，每日砌墙面的 1/2 高度即可，尽量不要去加快砌墙时间，以免增加墙面倾斜或倒塌的可能性。

3 施工尺寸

（1）砖体浇水湿润

  ① 砖体浇水湿润在砌筑施工前一天进行，一般以水浸入砖四边 15mm 为宜。

  ② 浇水量不可过大，以使砖含水率为 10%~ 15% 为宜。

（2）放线

  在离地 500mm 左右的位置放横线，并随着砖墙向上砌筑而不断上移，与砖墙始终保持 200mm 左右的距离。

（3）制备砂浆

配比比例

  用于砌筑在砖体内部黏合的水泥砂浆，水泥和沙子应保持 1∶3 的比例；用于粘贴在砖体表面的水泥砂浆，可采用全水泥，也可采用水泥和沙子 1∶2 的比例。

制备时间

  水泥计量精度为 ±29%，砂掺合料为 ±5%，搅拌时间不少于 15min，需在拌成后 3h 或 4h 内使用完。

（4）拉结钢筋

从下至上每隔60cm处在原墙体上植入一道直筋（2根），布入新墙中不小于500mm。

（5）砌筑墙体

砖墙加固

新旧墙体的衔接处、两面墙体连接的内部，需每隔600mm置入一根长度不小于400mm的6mm粗"L"形钢筋。而在墙体连接点的外部，需要铺设一张宽度不少于150mm的铁丝网。

砌筑方法

采用"三一"砌砖法（即一铲灰，一块砖，一挤揉），严禁用水冲砂浆灌缝的方法。

防潮止梁

潮湿区域高度为300mm，非潮湿区域高度180~200mm。

留缝值

水平灰缝厚度和竖向灰缝宽度一般为10mm，但不应小于8mm，也不应大于12mm。

（6）墙面抹灰

用水泥砂浆或混合砂浆抹灰时待前一层抹灰凝结后，方可抹第2层。用石灰砂浆抹灰时，应待前一层达到七八成干后再抹下一层。

轻质水泥板隔墙施工尺寸

　　轻质水泥板隔墙是一种轻质隔墙板，外形像空心楼板，但是它的两侧有公母榫槽，安装的时候仅仅需要将板材立起，并在公、母榫涂上少量嵌缝砂浆后拼接起来就可以。

1 操作流程

　　计算用量 ➡ 切割隔墙板 ➡ 定位 ➡ 放线 ➡ 安装轻质水泥隔墙板

2 注意事项

　　竖板时一人在一边推挤，一人在下面用撬棍撬起，挤紧缝隙，以挤出胶浆为宜。在推挤时，注意板面找平、找直。

③ 施工尺寸

（1）计算用量，切割隔墙板

轻质水泥隔墙板的宽度在 600~1200mm 之间，长度在 2500~4000mm 之间。根据所购买的隔墙板的尺寸，预排列在墙面中。

（2）定位、放线

使用卷尺测量轻质水泥隔墙板的厚度。常见的隔墙板厚度有 90mm、120mm、150mm 三种规格。

（3）安装轻质水泥隔墙板

调整接缝	**涂抹水泥砂浆**
安装好第一块条板后，检查接缝大小，以不大于 15mm 为宜。	将条板侧抬至梁、板底面弹有安装线的位置，将黏结面准备好的水泥砂浆全部涂抹，两侧做八字角。

木龙骨隔墙施工尺寸

　　木龙骨隔墙是采用木龙骨为结构骨架、纸面石膏板为表面饰材的一种墙身薄、质量轻、便于造型和施工的隔墙。

1 操作流程

定位 ➡ 放线 ➡ 骨架固定点钻孔 ➡ 安装木龙骨 ➡ 铺装饰面板

2 注意事项

　　纸面石膏板宜竖向铺设，长边接缝应安装在立筋上。龙骨两侧的石膏板接缝应错开，不得在同一根龙骨上接缝。

3 施工尺寸

处理骨架

　　与饰面板接触的龙骨表面应刨平刨直，横竖龙骨接头处必须平整，其表面平整度不得大于 3mm。

植入钉子固定

　　用普通圆钉固定时，钉距为 80~150mm，钉帽要砸扁，冲入板面 0.5~1.0mm。采用钉枪固定时，钉距为 80~100mm。

轻钢龙骨隔墙施工尺寸

轻钢龙骨隔墙的抗冲击性、防震效果更好，作为隔墙材料，内部可填充隔音棉，以起到良好的隔音、吸音、恒温等作用。

1 操作流程

定位放线 → 安装踢脚板 → 安装结构骨架 → 装设氯丁橡胶封条 → 装管线 → 填充保温层 → 安装通贯龙骨、横撑 → 安装门窗节点处的骨架 → 铺装纸面石膏板 → 纸面石膏板嵌缝

2 注意事项

骨架内管线必须安装穿线管、接线盒等保护措施，然后再满铺保温材料。

3 施工尺寸

（1）安装结构骨架

① 沿地沿顶龙骨应安装牢固，龙骨与基体的固定点间距不应大于 1000mm。

② 安装沿地沿顶的木楞时，应将木楞两端深入墙内至少 120mm，以保证隔墙与墙体连接牢固。

③ 安装沿墙（柱）竖龙骨，其截料长度应比沿地、沿顶龙骨内侧的距离略短 15mm 左右。

（2）装设氯丁橡胶封条

操作时可先用宽 100mm 的双面胶每隔 500mm 在龙骨靠建筑结构面粘贴一段。

（3）安装通贯龙骨、横撑

使用卷尺测量轻质水泥隔墙板的厚度。常见的隔墙板厚度有 90mm、120mm、150mm 三种规格。

通贯龙骨安装要求

低于 3000mm 的隔墙安装一道通贯龙骨；3000~5000mm 的隔墙应安装两道。

装设支撑卡

装设支撑卡时，卡距应为 400~600mm。

（4）铺装纸面石膏板

① 中间部位自攻螺钉的钉距不大于 300mm，板块周边自攻螺钉的钉距应不大于 200mm。

② 螺钉距板边缘的距离应为 10~15mm。自攻螺钉钉头略埋入板面，但不得损坏板材和护面纸。

（5）纸面石膏板嵌缝

清除缝内杂物，并嵌填腻子。待腻子初凝时（30~40 min），刮一层较稀的腻子，厚度 1 mm，随即贴穿孔纸带。

玻璃隔墙施工尺寸

在具体的施工中，玻璃隔墙安装方便快捷，装修废料以及灰尘较少，且对施工人员的技术要求不高。

1 操作流程

测量放线 ➡ 安装固定玻璃的刚性边框 ➡ 安装玻璃 ➡ 装饰边框 ➡ 清洁及成品保护

2 注意事项

① 落地无框玻璃隔墙应留出地面饰面厚度（如果有踢脚线，则应考虑踢脚线 3 个面饰面层厚度）及顶部限位标高（吊顶标高）。

② 当较大面积的玻璃隔墙采用吊挂式安装时，应先在建筑结构或板下做出吊挂玻璃的支撑架并安好吊挂玻璃的夹具及上框。

3 施工尺寸

（1）测量放线

落地无框玻璃隔墙应留出地面饰面厚度（如果有踢脚线，则应考虑踢脚线 3 个面饰面层厚度）及顶部限位标高（吊顶标高）。

（2）安装玻璃

玻璃就位

用 2~3 个玻璃吸器把厚玻璃吸牢，由 2~3 人手握吸盘同时抬起玻璃，先将玻璃竖着插入上框槽口内，然后轻轻垂直下落，放入下框槽口内。

调整玻璃位置

先将靠墙的玻璃推到墙边，使其插入贴墙的边框槽口内，然后安装中间部位的玻璃。两块玻璃之间接缝时应留 2~3mm 的缝隙，或留出与玻璃稳定器（玻璃肋）厚度相同的缝。

（3）装饰边框

精细加工玻璃边框在墙面或地面的饰面层时，则应用 9mm 胶合板做衬板。

玻璃砖隔墙施工尺寸

玻璃砖隔墙的施工工艺虽然并不复杂，但对施工技术要求较高，尤其是保持玻璃砖隔墙均匀一致的缝隙厚度方面，需要格外注意。

1 操作流程

放线 ➡ 固定周边框架 ➡ 扎筋 ➡ 制作白水泥浆 ➡ 排砖，砌筑玻璃砖隔墙 ➡ 勾缝 ➡ 边饰处理

2 注意事项

玻璃砖砌筑完成后，立刻进行表面勾缝。勾缝要勾严，以保证砂浆饱满。先勾水平缝，再勾竖缝，缝内要平滑，缝的深度要一致。

3 施工尺寸

（1）固定周边框架

固定金属型材框用的镀锌钢膨胀螺栓直径不得小于 8mm，膨胀螺栓之间的间距应小于 500mm。

（2）扎筋

① 当空心砖隔墙的高度尺寸超过规定时，应在垂直方向上每 2 层玻璃砖水平布置一根钢筋。

② 当玻璃砖隔断的长度尺寸超出规定尺寸时，应在水平方向每 3 个缝垂直布置一根钢筋。

③ 钢筋每端伸入金属型材框的尺寸不得小于 35mm。

④ 用钢筋增强的室内玻璃砖隔墙的高度不得超过 4m。

（3）制作白水泥浆

采用白水泥：细砂为 1：1 的比例制作水泥浆，然后兑入 108 胶，水泥浆：108 胶的比例为 100：7。

（4）排砖，砌筑玻璃砖隔墙

自下而上排砖砌筑

玻璃砖砌体采用十字缝立砖砌法，按照上、下层对缝的方式自下而上砌筑。两玻璃砖之间的砖缝不得小于 10mm，且不得大于 30mm。

施工段

玻璃砖墙宜以 1500mm 高为一个施工段，待下部施工段胶结料达到设计强度后再进行上部施工。

边砌筑边擦去水泥渍

砌筑时将上层玻璃砖压在下层玻璃砖上，同时使玻璃砖的中间槽卡在定位架上，两层玻璃砖的间距为 5~10mm。每砌一层后，用湿布将玻璃砖面上沾着的水泥浆擦去。

（5）留缝要求

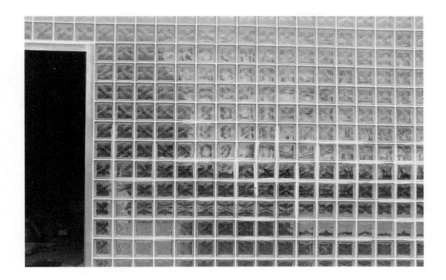

玻璃与框架的连接

　　玻璃与基架木框的结合不能太紧密。玻璃放入木框后，在木框的上部和侧边应留有 3mm 左右的缝隙，该缝隙是为玻璃热胀冷缩用的。

隔墙两端与金属型材留缝

　　玻璃砖隔墙两端与金属型材两翼应留有不小于 4mm 宽度的滑缝，用油毡填充缝内。

隔墙与型材腹面留缝

　　玻璃砖隔墙与型材腹面应留有不小于 10mm 宽度的胀缝，用硬质泡沫塑料填充缝内。

楼板制作

楼板的制作工法有两种技术：一种是传统的现浇楼板，以钢筋混凝土为原材料，钢筋承受拉力，混凝土承受压力；另一种是使用新型材料钢结构制作的钢结构楼板，以工字钢或槽钢为原材料，在上面铺设木质板材。

现浇楼板

现浇钢筋混凝土楼板是指在现场依照设计位置进行支模、绑扎钢筋、浇筑混凝土，经养护、拆模板而制作的楼板。

1 操作流程

测量放线 ➡ 墙体打毛、钻孔、清孔 ➡ 模板制立安装 ➡ 灌胶，植入钢筋 ➡ 插筋钢筋制作绑扎 ➡ 浇灌混凝土 ➡ 养护混凝土 ➡ 拆除模板

2 注意事项

混凝土浇入楼板的两小时内必须用振动器来回振捣密实。主要目的是使钢筋混凝土整体性好，防止混凝土产生蜂窝、麻面等多种混凝土通病，成品的现浇面的厚度不得低于100mm。

3 材料规格

现浇楼板厚度 80mm、100mm	用在厨房、卫生间、雨棚、阳台、过道、管道井等处。
现浇楼板厚度 110~140mm	用在客厅、餐厅、卧室、书房、楼梯板等荷载比较大的地方。
现浇楼板厚度 140mm 以上	主要用在装配式砼结构的叠合板中，也就是预制叠合板和现浇板组合的楼板

4 施工尺寸

（1）测量放线

　　① 室内房屋的标准层高在 1850~2750mm 之间。因此，使用测量工具先测量层高的位置，然后在墙面中做标记。

　　② 画线时需要画双线，标准的楼板厚度是 130mm，双线的间距为 110mm。

（2）墙体打毛、钻孔、清孔

楼板层开槽、打毛

　　开槽宽度为画线的宽度，是 130mm；开槽的深度为 30~50mm。

电钻钻孔大小

　　钻孔大小根据钢筋大小而定，一般孔径大于钢筋 4mm 为宜，孔深为钢筋直径的 10 倍以上。钻孔间距为 120mm。

（3）模板制立安装

制作底模、侧模

用 18mm 厚胶合板做底模、侧模，40mm×60mm 的木方做木档组成拼合式模板。

制作骨架

用 60mm×80mm、50mm×100mm、100mm×100mm 木档作为钢管架支撑及现浇板主龙骨骨架。

（4）灌胶，植入钢筋

把混合好的植筋胶注入孔内，并保证注满，确保 24~48h 不能触碰植入的钢筋

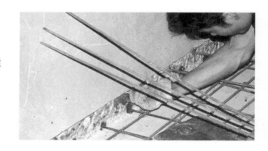

（5）插筋钢筋制作绑扎

选择钢筋型号

长钢筋采用 14 号的型号，短钢筋采用 12 号的型号，上下设计双层。小挑梁的钢筋需采用 16 号的型号，大挑梁的钢筋需采用 20 号的型号。

将 12 号短钢筋插入灌有植筋胶的孔内，随后敷设 14 号长钢筋。

（6）浇灌混凝土

面积达到 35m² 的楼板尽量用成品混凝土。成品后的现浇面的厚度不得低于 100mm。

（7）浇灌混凝土

对于采用硅酸盐水泥、普通硅酸盐水泥或矿渣硅酸盐水泥配制的混凝土，采用浇水的养护时间不得少于 7d；对于采用粉煤灰硅酸盐水泥、火山灰质硅酸盐水泥、复合硅酸盐水泥配制的混凝土采用浇水的养护时间不得少于 14d。

（8）拆除模板

模板拆除条件

跨度在 8m 以上的混凝土强度 ≥ 100%，8m 以及 8m 以下混凝土强度 ≥ 75% 方可拆除模板。

钢结构楼板

钢结构楼板属于二次结构制作安装，通常安装在复式户型的夹层中。在夹层的钢结构主梁用工字钢搭建完成后，在主体结构上面铺设钢构轻型楼板或木制楼板。

1 操作流程

钢构件涂刷防锈漆 → 测量放线 → 墙体开槽 → 固定槽钢到墙体中 → 搭建工字钢主梁 → 焊接角钢辅梁 → 涂刷第三遍面漆 → 钢构轻型楼板安装

2 注意事项

① 涂刷底漆的作用是防锈、增加油漆对基材的附着力，涂刷中间漆以增加漆膜的厚度，因此是最重要的一道工序。待钢构件安装好后，再涂刷第三遍面漆。

② 涂刷第三遍面漆时，对于新焊接的位置应增加油漆厚度，以起到防锈的作用。面漆涂刷的过程中，应保持均匀、厚度一致。

3 施工尺寸

（1）测量放线

在墙面上弹出标准位置线，其水平线位置线上下误差应小于 3mm。

（2）墙体开槽

开槽

沿着墙体的水平线位置开一条约 20mm 深的凹槽。深度要求去掉墙面上的找平抹灰涂层，直至露出钢筋混凝土。

钻孔

在开好的凹槽内钻孔，间距保持在 350~500mm 之间。钻孔的深度为 100~150mm，具体深度根据安装的膨胀螺栓大小来决定。

（3）搭建工字钢主梁

工字钢之间间距应保持为 600mm。

（4）焊接角钢辅梁

将角钢分段

使用电动工具将角钢分段，每段的长度为 600~650mm。考虑到角钢需要嵌入到工字钢内，因此角钢的长度应顶到工字钢内壁。

将角钢焊接到工字钢中

将角钢焊接到工字钢中，角钢之间的间距为 600mm。需要注意，焊接角钢要采用满焊，而不是点焊。满焊的角钢连接效果更牢固。

（5）钢构轻型楼板安装

楼板铺设两边搭接时，要搭接在钢结构的主梁上，不要搭接在空处。铺板时注意板与板之间保留 2 ~3mm 的伸缩缝。

第
一
章

水路施工中
的尺寸要求

水路改造是装修中的重要组成部分。水路改造涉及的材料比较多，因此相关的尺寸要求也就较多。水路施工主要包括厨房、卫生间及阳台等位置的用水设施改造及排水口的改造，对于尺寸的掌握在一定程度上决定了用水的质量和安全。

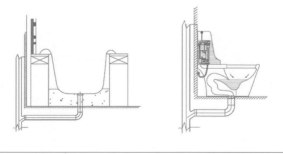

水暖管材数据与尺寸

　　水路施工中运用到的管材样式繁多，从最早的镀锌铁管、PVC 管到现在流行的 PP-R 管、铝塑管，这些水管不仅各有用处，其规格尺寸也不尽相同。

PP-R 管尺寸

　　PP-R 管又称三型聚丙烯管、无规共聚聚丙烯管或 PP-R 管。

1 特点

　　耐腐蚀、强度高、内壁光滑不结垢、使用寿命可达 50 年。

2 应用

　　广泛应用于建筑物的冷热水系统、采暖系统、可直接饮用的纯净水供水系统、中央（集中）空调系统等。

3 规格表达

　　管材规格用管系列 S、公称外径 d_n × 公称壁厚 e_n 表示。

> **示例：**
> 管系列 S5、公称外径 32mm、
> 公称壁厚 2.9mm，表示为 S5
> d_n32×e_n2.9

4 施工尺寸

（1）管材管系列和规格尺寸

（单位：mm）

公称外径 d_n	平均外径		公称壁厚 e_n					
			管系列					
	$d_{em, min}$	$d_{em, max}$	S6.3①	S5	S4	S3.2	S2.5	S2
16	16.0	16.3	—	—	2.0	2.2	2.7	3.3
20	20.0	20.3	—	2.0	2.3	2.8	3.4	4.1
25	25.0	25.3	2.0	2.3	2.8	3.5	4.2	5.1
32	32.0	32.3	2.4	2.9	3.6	4.4	5.4	6.5
40	40.0	40.4	3.0	3.7	4.5	5.5	6.7	8.1
50	50.0	50.5	3.7	4.6	5.6	6.9	8.3	10.1
63	63.0	63.6	4.7	5.8	7.1	8.6	10.5	12.7
75	75.0	75.7	5.6	6.8	8.4	10.3	12.5	15.1
90	90.0	90.9	6.7	8.2	10.1	12.3	15.0	18.1
110	110.0	111.0	8.1	10.0	12.3	15.1	18.3	22.1
125	125.0	126.2	9.2	11.4	14.0	17.1	20.8	25.1
140	140.0	141.3	10.3	12.7	15.7	19.2	23.3	28.1
160	160.0	161.5	11.8	14.6	17.9	21.9	26.6	32.1
180	180.0	181.7	13.3	16.4	20.1	24.6	29.0	36.1
200	200.0	201.8	14.7	18.2	22.4	27.4	33.2	40.1

① 仅适用于 β 晶型 PP-RCT 管材。

（2）壁厚的允许偏差

（单位：mm）

公称壁厚 e_n	允许偏差	公称壁厚 e_n	允许偏差
$1.0 < e_n \leqslant 2.0$	+ 0.30	$11.0 < e_n \leqslant 12.0$	+ 1.30
$2.0 < e_n \leqslant 3.0$	+ 0.40	$12.0 < e_n \leqslant 13.0$	+ 1.40
$3.0 < e_n \leqslant 4.0$	+ 0.50	$13.0 < e_n \leqslant 14.0$	+ 1.50
$4.0 < e_n \leqslant 5.0$	+ 0.60	$14.0 < e_n \leqslant 15.0$	+ 1.60
$5.0 < e_n \leqslant 6.0$	+ 0.70	$15.0 < e_n \leqslant 16.0$	+ 1.70
$6.0 < e_n \leqslant 7.0$	+ 0.80	$16.0 < e_n \leqslant 17.0$	+ 1.80
$7.0 < e_n \leqslant 8.0$	+ 0.90	$17.0 < e_n \leqslant 18.0$	+ 1.90
$8.0 < e_n \leqslant 9.0$	+ 1.00	$18.0 < e_n \leqslant 19.0$	+ 2.00
$9.0 < e_n \leqslant 10.0$	+ 1.10	$19.0 < e_n \leqslant 20.0$	+ 2.10
$10.0 < e_n \leqslant 11.0$	+ 1.20	$20.0 < e_n \leqslant 21.0$	+ 2.20

续表

公称壁厚 e_n	允许偏差	公称壁厚 e_n	允许偏差
$21.0 < e_n \leqslant 22.0$	+ 2.30	$31.0 < e_n \leqslant 32.0$	+ 3.30
$22.0 < e_n \leqslant 23.0$	+ 2.40	$32.0 < e_n \leqslant 33.0$	+ 3.40
$23.0 < e_n \leqslant 24.0$	+ 2.50	$33.0 < e_n \leqslant 34.0$	+ 3.60
$24.0 < e_n \leqslant 25.0$	+ 2.60	$34.0 < e_n \leqslant 35.0$	+ 3.70
$25.0 < e_n \leqslant 26.0$	+ 2.70	$35.0 < e_n \leqslant 36.0$	+ 3.80
$26.0 < e_n \leqslant 27.0$	+ 2.80	$36.0 < e_n \leqslant 37.0$	+ 3.90
$27.0 < e_n \leqslant 28.0$	+ 2.90	$37.0 < e_n \leqslant 38.0$	+ 4.00
$28.0 < e_n \leqslant 29.0$	+ 3.00	$38.0 < e_n \leqslant 39.0$	+ 4.10
$29.0 < e_n \leqslant 30.0$	+ 3.10	$39.0 < e_n \leqslant 40.0$	+ 4.20
$30.0 < e_n \leqslant 31.0$	+ 3.20	$40.0 < e_n \leqslant 41.0$	+ 4.30

（3）管材长度

一般为 4~6m，也可由供需双方商定。管材长度不应有负偏差。

PP-R 管配件尺寸

等径直通

两端接相同规格的 PP-R 管。

型号规格： S20、S25、S32

异径直通

两端接不同规格的 PP-R 管。

型号规格： S25×20、S32×20、S32×25

等径 90° 弯头

用于转弯处，连接两个相同规格水管。

型号规格： L20、L25、L32

等径 45° 弯头

用于转弯处，连接两个相同规格水管。

型号规格： L20（45°）、L25（45°）、L32（45°）

等径三通

三端接相同规格的 PP-R 管。

型号规格： T20、T25、T32

异径三通

三端均接 PP-R 管，其中一端变径。

型号规格： T25×20、T32×20、T32×25

过桥弯

当两根管道交叉时，用过桥弯将其错开。

型号规格：W20、W25

过桥弯管（S3.2 系列）

当两根管道交叉时，用过桥弯管将其错开。

型号规格：W20（L）、W25（L）、W32（L）

外牙直通

一端接 PP-R 管，另一端接内牙。

型号规格：S20×1/2M、S20×3/4M、S25×1/2M、S25×3/4M、S32×3/4M、S32×1M

内牙直通

一端接 PP-R 管，另一端接外牙。

型号规格：S20×1/2F、S20×3/4F、S25×1/2F、S25×3/4F、S32×3/4F、S32×1F

外牙弯头

一端接 PP-R 管，另一端接内牙。

型号规格：L20×1/2M、L20×3/4M、L25×1/2M、L25×3/4M、L32×3/4M、L32×1M

带座内牙弯头

一端接 PP-R 管，另一端接外牙。该管件可通过底座固定在墙上。

型号规格：L20×1/2F(Z)、L25×1/2F(Z)

内牙弯头

一端接 PP-R 管，另一端接外牙。

型号规格：L20×1/2F、L20×3/4F、L25×1/2F、L25×3/4F、L32×3/4F、L32×1F

内牙三通

两端接 PP-R 管，中端接外牙。

型号规格：T20×1/2F、T25×1/2F、T25×3/4F、T32×1/2F、T32×3/4F、T32×1F

外牙三通

两端接 PP-R 管，中端接内牙。

型号规格：T20×1/2M、T25×3/4M、T32×1/2M、T32×3/4M×32

外牙活接

用于需拆卸处的安装连接，一端接 PP-R 管，另一端接内牙。

型号规格：F12-S20×1/2M（H）、F12-S25×3/4M（H）、F12-S25×1M（H）、F12-S32×1M（H）、F12-S40×1/4M（H）、F12-S50×1/2M（H）、F12-S63×2M（H）

内牙活接

用于需拆卸处的安装连接，一端接 PP-R 管，另一端接外牙。

型号规格：L20×1/2M、L20×3/4M、L25×1/2M、L25×3/4M、L32×3/4M、L32×1M

等径活接

用于需拆卸处的安装连接，可拆卸结构，两端接 PP-R 管。

型号规格：F12-S20×20（H）、F12-S25×25（H）、F12-S32×32（H）

内牙直通活接

用于需拆卸处的安装连接，一端接 PP-R 管，另一端接外牙，主要用于水表连接。

型号规格：S20×1/2F（H2）

内牙弯头活接

用于需拆卸处的安装连接，一端接 PP-R 管，另一端接外牙，主要用于水表连接。

型号规格：L20×1/2F（H2）

异径弯头

两端接不同规格的 PP-R 管。

型号规格：F12-L25×20、F12-L32×20、F12-L32×25

堵头

用于相关规格 PP-R 管的封堵。

型号规格：D20、-D25、D32

PVC-U 排水管尺寸

PVC-U 管道是以卫生级聚氯乙烯 (PVC) 树脂为主要原料，经塑料挤出机挤出成型或注塑机注塑成型的管件。

1 特点

有良好的抗老化性，使用年限可达 50 年。管道内壁的阻力系数很小，水流顺畅，不易堵塞。施工方法简单，安装工效高。

2 应用

广泛应用于自来水工程、电气工程、下水道工程、建筑工程等。

3 施工尺寸

（1）管材平均外径、壁厚

（单位：mm）

公称外径 d_n	平均外径		壁厚	
	最小平均外径 $d_{em,min}$	最大平均外径 $d_{em,max}$	最小壁厚 e_{min}	最大壁厚 e_{max}
32	32.0	32.2	2.0	2.4
40	40.0	40.2	2.0	2.4
50	50.0	50.2	2.0	2.4
75	75.0	75.3	2.3	2.7
90	90.0	90.3	3.0	3.5
110	110.0	110.3	3.2	3.8
125	125.0	125.3	3.2	3.8
160	160.0	160.4	4.0	4.6
200	200.0	200.5	4.9	5.6
250	250.0	250.5	6.2	7.0
315	315.0	315.6	7.8	8.6

（2）其他规格尺寸

长度	一般为4~6m，也可由供需双方商定，管材长度不应有负偏差
不圆度	应不大于$0.024d_n$
弯曲度	应不大于0.5%

（3）胶黏剂连接型承口尺寸

（单位：mm）

公称外径 d_n	承口中部平均内径		承口深度 $L_{0, min}$
	$d_{em, min}$	$d_{em, max}$	
32	32.1	32.4	22
40	40.1	40.4	25
50	50.1	50.4	25
75	75.2	75.5	40
90	90.2	90.5	46
110	110.2	110.6	48
125	125.2	125.7	51
160	160.3	160.8	58
200	200.4	200.9	60

续表

公称外径 d_n	承口中部平均内径		承口深度 $L_{0, min}$
	$d_{em, min}$	$d_{em, max}$	
250	250.4	250.9	60
315	315.5	316.0	60

（4）弹性密封圈连接型承口尺寸

（单位：mm）

公称外径 d_n	承口端部平均内径 $d_{em, min}$	承口配合深度 A_{min}
32	32.3	16
40	40.3	18
50	50.3	20
75	75.1	25
90	90.4	28
110	110.4	32
125	125.4	35
160	160.5	42
200	200.6	50
250	250.8	55
315	316.0	62

PVC-U 排水管配件尺寸

四通

用于 PVC 排水管连接，达到排水管的连接和分支效果。

型号规格： Φ50mm，Φ75mm，Φ110mm，Φ160mm

斜三通

用于支管和干管的垂直连接。

型号规格： 45°斜三通、90°斜三通、顺水三通

吊卡

固定管道，使管道能够固定在墙面或顶面。

弯头

防止下部污水管道里的臭气上返通过用水器件回流到室内。

型号规格： 45°弯头、45°弯头（带检查口）、90°弯头、90°弯头（带检查口）

存水弯

连接各类卫生器具（除坐式大便器外）与排水横支管或立管，起水封作用的管件。

型号规格： P 形存水弯、S 形存水弯、承插存水弯

检查口

带有可开启检查盖的配件，装设在排水立管及较长横管段上，作检查和清通之用。

PP-R 管熔接尺寸

热熔连接是指非金属与非金属之间经过加热升温至（液态）熔点后的一种连接方式。

1 热熔承插连接管件

（1）特点

具有连接简便、使用年限久、不易腐蚀等优点。

（2）应用

广泛应用于 PP-R 管、PB 管、PE-RT 管、金属复合管等新型管材与管件连接。

（3）规格尺寸

承口尺寸与相应公称外径

（单位: mm）

公称外径 d_n	最小承口深度 L_1	最小承插深度 L_2	承口的平均内径				最大不圆度	最小通径 D
			d_{am1}		d_{am2}			
			最小	最大	最小	最大		
16	13.3	9.8	14.8	15.3	15.0	15.5	0.6	9
20	14.5	11.0	18.8	19.3	19.0	19.5	0.6	13

续表

公称外径 d_n	最小承口深度 L_1	最小承插深度 L_2	承口的平均内径				最大不圆度	最小通径 D
			d_{am1}		d_{am2}			
			最小	最大	最小	最大		
25	16.0	12.5	23.5	24.1	23.8	24.4	0.7	18
32	18.1	14.6	30.4	31.0	30.7	31.3	0.7	25
40	20.5	17.0	38.3	38.9	38.7	39.3	0.7	31
50	23.5	20.0	48.3	48.9	48.7	49.3	0.8	39
63	27.4	23.9	61.1	61.7	61.6	62.2	0.8	49
75	31.0	27.5	71.9	72.7	73.2	74.0	1.0	58.2
90	35.5	32.0	86.4	87.4	87.8	88.8	1.2	69.8
110	41.5	38.0	105.8	106.8	107.3	108.5	1.4	85.4

注：此处的公称外径 d_n 指与管件相连的管材的公称外径。

2 电熔连接管件

（1）特点

适合所有规格尺寸的管件，费用低。

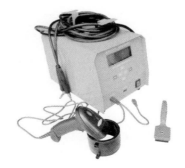

（2）应用

一般适用于电熔 PE（聚乙烯）塑料管件。

（3）规格尺寸

承口尺寸与相应公称外径

（单位：mm）

公称外径 d_n	熔合段最小内径 $d_{em, min}$	熔合段最小长度 $L_{2, min}$	插入长度 L_1	
			min	max
16	16.1	10	20	35
20	20.1	10	20	37
25	25.1	10	20	40
32	32.1	10	20	44
40	40.1	10	20	49
50	50.1	10	20	55
63	63.2	11	23	63
75	75.2	12	25	70
90	90.2	13	28	79
110	110.3	15	32	85
125	125.3	16	35	90
140	140.3	18	38	95
160	160.4	20	42	101

注：此处的公称外径 d_n 指与管件相连的管材的公称外径。

水路施工安装

水路施工基本上都采用暗装的方式，需要开槽埋管。开槽的目的是将给水管埋入槽内，起到美观和保护的作用。

管路布设

水路布管是指 PP-R 给水管和 PVC 排水管的布管原则、接管细节与三维效果图呈现。

1 洗菜槽给排水布管

（1）安装位置

洗菜槽设计在厨房的窗户前面，冷、热水管设计在窗户的下面，橱柜台面的上面。

（2）注意事项

安装阀门的入户冷水管通过三通接入洗菜槽右侧的冷水管中，而左侧则是热水管。排水管设计在冷、热水管的中间，并设计存水弯。

热水管　　冷水管　　排水管（含存水弯）

（3）布管尺寸

冷热水管间距	冷、热水管之间保持 150~200mm 的间距
水管端口高度	冷、热水管端口距地 450~550mm

2 洗面盆给排水布管

（1）注意事项位置

① 卫生间内的洗面盆设计冷、热水管同样需要遵循左热右冷的原则，并保持冷、热水管端口的水平。

② 排水管设计在洗面柜里时，搭配 S 形存水弯；设计为墙排时，U 形存水弯设计在地面转角处。

排水管（S形存水弯）　热水管　冷水管

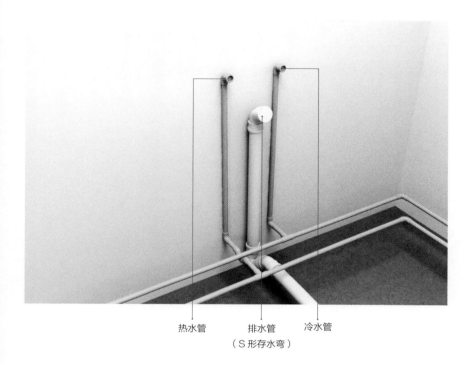

热水管　　排水管　　冷水管
（S形存水弯）

（2）布管尺寸

冷热水管间距	应距离侧边的墙面350~550mm，便于后期安装洗面盆，使洗面盆处于洗手柜的中间
水管端口高度	有两种选择，一种是距地450~500mm，另一种是距地900~950mm

3 坐便器给排水布管

（1）安装位置

坐便器只需要接入冷水管，位置需偏离坐便器排水管一定的距离，保证坐便器安装后，不会遮挡住冷水管端口。

（2）注意事项

　　在设计坐便器排水管的过程中，需要采用90°弯头以及等径三通。等径三通用于连接主管道与分支管道，而90°弯头用于连接坐便器。

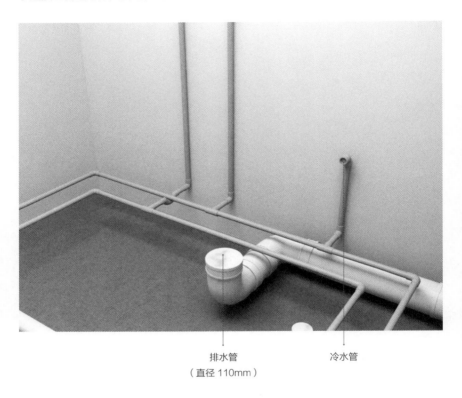

排水管　　　　　　　　　冷水管
（直径110mm）

（3）布管尺寸

水管端口高度	坐便器冷水管的端口距地在250~400mm之间
排水管直径	坐便器的排水管采用110管（直径110mm），与主排水立管的直径相同

4 淋浴花洒给排水布管

（1）安装位置

淋浴花洒的高度根据不同安装方式有不同的规定：暗装花洒的安装高度一般在 210cm 左右，龙头开关高度为 110cm 左右；明装升降花洒距离地面 200cm 最为合适。

（2）布管尺寸

水管端口高度	淋浴花洒冷热水管端口的距地距离应保持在 1100~1150mm 之间，这样加上明装在上面的淋浴喷头，共有 2000~2100mm 左右的距离，在实际的使用中较为舒适
排水管与墙面距离	当排水管在地面时，距离最近的墙面为 400~500mm

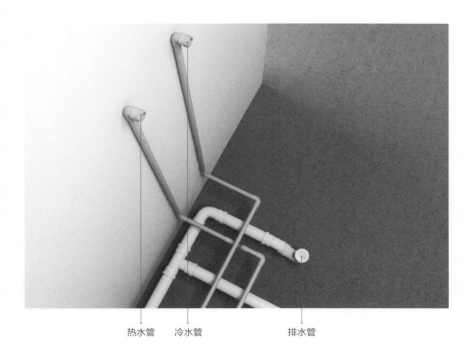

热水管　　冷水管　　　　　排水管

5 热水器给水管布管

（1）注意事项

　　热水器冷、热水管的高度很高，与其他给水管相比，是其他给水管高度的 2 倍左右。

（2）布管尺寸

　　热水器在卫生间中的安装高度在 2000~2200mm 之间，是各项用水设备中安装高度最高的，冷热水管的安装高度也要相应地提高，端口距地标准为 1800mm。

热水管　冷水管

6　洗衣机、拖把池给排水布管

（1）安装位置

　　洗衣机安装位置避免放在潮湿的地方，以防止长期受潮引起生锈或者导线接头短路的情况；安装拖把池时，拖布池距地20cm，水龙头距地高度70cm。

（2）布管尺寸

冷水管高度	洗衣机冷水管的设计高度应为1100~1200mm，拖把池冷水管的设计高度应为300~450mm
排水管位置	拖把池排水管设计在距墙350mm 的位置，洗衣机排水管则紧贴墙面设计

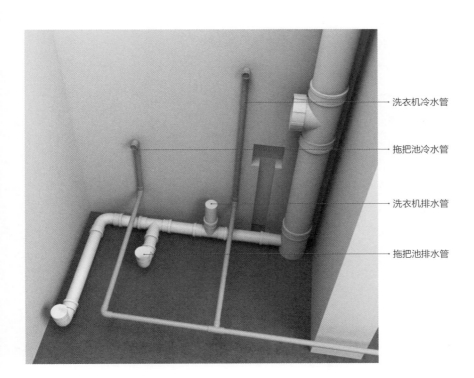

　　　　　　　　　洗衣机冷水管

　　　　　　　　　拖把池冷水管

　　　　　　　　　洗衣机排水管

　　　　　　　　　拖把池排水管

7 地漏排水管布管

（1）施工位置

　　地漏在卫生间中需要设计两个，一个是公共地漏，一个是淋浴房地漏；在阳台中需要设计一个公共地漏；在厨房中不需要设计地漏。

（2）注意事项

　　在卫生间中设计的地漏，均需要设计 P 形存水弯，防止异味；在阳台中设计的地漏不需要设计存水弯。

（3）布管尺寸

　　无论设计在任何空间的地漏，都需要采用 50 管（直径 50mm）。

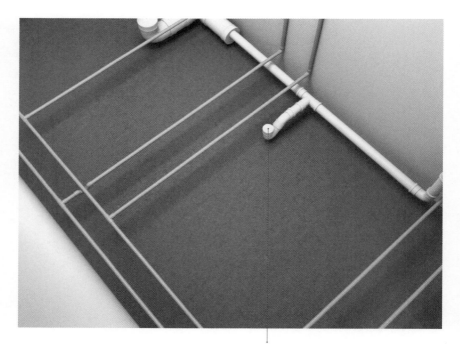

卫生间公共地漏

定位、画线与开槽尺寸

为切割时平直美观、准确，按已确定的水路位置和线路走向，用墨斗弹出及用水平尺画出需切割的标记线，这样施工起来既方便也不容易出错。

1 定位

（1）操作顺序

先定位冷水管走向、热水器位置，再定位热水管走向。

（2）标记尺寸

热水器

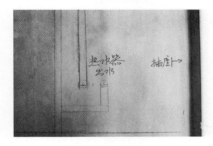

离地 1700~1900mm

浴缸

离地 750mm

洗菜槽

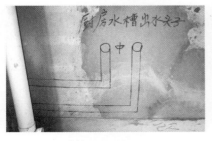

离地 500~550mm

坐便器

离地 250~350mm

小便器	洗衣机	淋浴花洒

离地 600~700mm   离地 850~1100mm   离地 1000~1100mm

2 画线

（1）注意事项

顶面水管弹线画单线，标记出水管的走向。地面水管弹线画双线，线的宽度根据排布的水管数量决定。

（2）标记尺寸

冷热水管画线需分开，之间距离在 200mm 以上、300mm 以下。

一根水管的画线宽度保持在 40mm 左右。

地面画线需靠近墙边，转角需保持 90°，画线的宽度比管材直径宽10mm。

3 开槽

（1）注意事项

开槽要求横平竖直，尽量竖开，减少横开。若遇到防水重要部分，要做防止开裂的防水处理。

（2）标记尺寸

开槽宽度保持在 40mm 左右，深度保持在 20~25mm。

为了便于检测和装配，冷热水管开槽间距要大于 200mm。

墙面开槽若横着开，宽度不能大于 30mm。

排水管槽应有一定的排水坡度，一般以 2%~3% 为宜。

给水管热熔尺寸

热熔连接，即使用热熔器将给水管与各种配件连接起来。给水管之所以必须采用热熔的方式连接，而不是普通的粘接，是考虑到 PP-R 管材的特性以及耐热度。

1 操作流程

准备热熔器 ➡ 热熔连接入户水管及管件 ➡ 热熔连接水管总阀门 ➡ 向厨房、卫生间等处热熔连接给水管分支 ➡ 热熔连接各处用水端口的内丝弯头 ➡ 热熔连接各处用水端口的内丝弯头

2 注意事项

热熔接管时把加热的水管和管件同时取下，将水管内口轴心向对准配件内管口，并迅速无旋转地用力插入，未冷却时可适当调整，但严禁旋转。

3 施工尺寸

热熔器接电预热	PP-R 管调温到 260~270℃；PE 管调温到 220~230℃
热熔时间	PP-R 管道直径 20mm（俗称 6 分管），加热时间 6s；管道直径 16mm（俗称 4 分管），加热时间 5s
保持时间	直径小于 25mm 的 PP-R 管，熔接完保持时间应大于 15s

排水管粘接尺寸

排水管粘接是采用胶水涂刷在 PVC 排水管以及配件上，相互嵌入粘接在一起的工法。

1 操作流程

测量，画线，标记 ➡ 切割 PVC 排水管 ➡ 抹布擦拭清洁排水管口 ➡ 涂刷胶水 ➡ 粘接排水管及配件

2 注意事项

胶黏连接 PVC 管道时，用抹布擦干净粘接处的灰尘，以免影响胶黏效果。

3 施工尺寸

切割厚度	因为切割机的切割片有一定厚度，所以在管道上做标记时需多预留 2~3 mm，确保切割管道长度准确
涂抹胶水厚度	先在管道待粘接面内侧均匀地涂抹胶水，涂抹深度为排水管粘接的深度。然后在管道待粘接面外侧涂抹胶水，管道端口长约 1cm，胶水涂抹需均匀，厚度保持一致
粘接排水管	将配件轻微旋转着插入管道，完全插入后，需要固定 15s，待胶水晾干后安装到具体的位置

管道检测数据

水管打压测试是针对给水管热熔连接完成之后，进行的密封性测试工法。通过向给水管内注水加压，测试各个连接处或 PP-R 管有无漏水现象，来判断 PP-R 给水管热熔连接得是否牢固。

1 操作流程

封堵所有出水端口 ➡ 安装金属软管 ➡ 连接打压泵 ➡ 向给水管内注水 ➡ 开始测压 ➡ 逐一检查密封度及渗水情况

2 注意事项

在具体的打压测试中，压力值的模拟应最大程度地效仿真实供水时的压力，或超过真实供水时的压力，得出的结果才是可信赖的，说明打压测试成功。

3 检测数据

开始测压	使压力表指针指向 0.9~1.0 左右（此刻压力是正常水压的三倍），保持一定时间。不同管材的测压时间不同，一般在 0.5~4h 之内
	手动施压缓慢升压至 0.6MPa，最大不得大于 1MPa，至少持续 30min
	在大于 0.6MPa 小于 1MPa 的压力下，在 30min 内如果压力表没有变化，那就说明安装的水管没有问题

防水涂刷尺寸

防水是最为重要的一项隐蔽工程，一旦防水出现问题，维修将非常麻烦。防水涂刷有两种施工工法，一种是丙纶布防水工法，另一种是涂料防水工法。

1 丙纶布防水

（1）操作流程

裁剪并预敷设丙纶防水布 ➡ 搅拌防水涂料 ➡ 第一遍填充防水涂料 ➡ 正式敷设防水布到卫生间中 ➡ 第二遍填充防水涂料 ➡ 打开门窗，风干防水涂层

（2）注意事项

待丙纶防水布全部铺贴之后，在布料的表面再次填充防水涂料，形成一层防水涂料、一层丙纶防水布、一层防水涂料的三层防护效果。

（3）施工尺寸

裁剪防水布	防水布的长宽尺寸均要超出卫生间长宽尺寸 300~400mm
预敷设防水布	将防水布预敷设到卫生间中，当铺设到边角位置时，预留出 300~ 400mm 的材料
第 1 遍填充防水涂料	阴湿地面、距墙面 300mm 左右的位置也需要洒水阴湿。然后将搅拌好的防水涂料倒进地面中，均匀涂抹，并保持 2~3mm 的厚度
风干防水涂层	风干后隔半天的时间或第 2 天再开始做闭水实验，测试防水施工是否存在漏水等问题

2 涂料防水

（1）操作流程

清理墙面和地面 → 画线 → 刷防水涂料 → 闭水测试

（2）注意事项

从墙面开始涂刷，然后涂刷地面。涂刷过程应均匀，不可漏刷。对转角处、管道变形部位应加强防水涂层处理，杜绝漏水隐患。涂刷完成后，表面应平整无明显颗粒，阴阳角保证平直。

（3）施工尺寸

刷防水涂料	一般需涂刷两遍，每次涂刷厚度不超过 1mm；前一次稍微干后（一般间隔 1~2h）再进行后一次涂刷，前后垂直十字交叉，总厚度一般为 1~2mm
涂刷高度	防水高度不低于 300mm；卫生间墙面涂刷高度不低于 1800mm。但如果卫生间墙面背面有到顶衣柜，防水层必须做到天花板底部；有浴缸时防水层上沿应高于浴缸上沿 150mm
涂料干燥时间	防水涂料的干燥时间为 24h 以上

闭水试验尺寸

闭水试验是装修中比较简单但非常重要的一个环节，一般用于卫生间、厨房、阳台等。

1 操作流程

封堵排水管道 → 砌筑挡水条 → 开始蓄水 → 渗水检查

2 注意事项

① 第一天闭水后，检查墙体与地面。观察墙体，看水位线是否有明显下降，仔细检查四周墙面和地面有无渗漏现象。

② 第二天闭水完毕，全面检查楼下天花板和屋顶管道周边。从楼下检查时，应先联系楼下业主，防止检查时进不去房屋。

3 施工尺寸

试验时间	防水施工完成后过 24h 做闭水试验
挡水条高度	在房间门口用黄泥土、低等级水泥砂浆等材料做一个 20~25cm 高的挡水条，或者也可以采用红砖封堵门口，水泥砂浆则需采用低强度等级的
蓄水深度	保持在 5~20cm，并做好水位标记。蓄水时间需保持 24~48h

其他水路施工安装

除了水管的敷设，水路施工中还涉及水表、地暖等施工。

水表安装尺寸

水表，是测量水流量的仪表，大多是水的累计流量测量，一般分为容积式水表和速度式水表两类。

1 常用术语

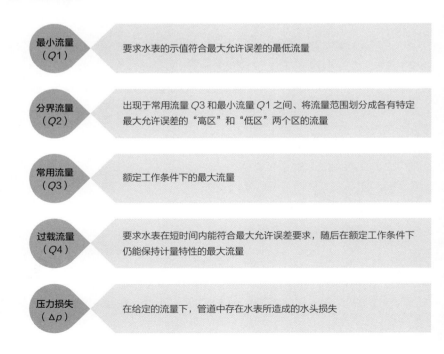

最小流量（$Q1$）	要求水表的示值符合最大允许误差的最低流量
分界流量（$Q2$）	出现于常用流量 $Q3$ 和最小流量 $Q1$ 之间、将流量范围划分成各有特定最大允许误差的"高区"和"低区"两个区的流量
常用流量（$Q3$）	额定工作条件下的最大流量
过载流量（$Q4$）	要求水表在短时间内能符合最大允许误差要求，随后在额定工作条件下仍能保持计量特性的最大流量
压力损失（Δp）	在给定的流量下，管道中存在水表所造成的水头损失

② 安装尺寸

水表上下游要安装必要的直管段或其他等效的整流器，要求上游直管段的长度不小于 100mm，下游直管段的长度不小于 50mm。

在管道直径大于 DN40 并且水表非掩埋的情况下，水表及其相关管件的上方至少应留有 700mm 的空间。

地暖安装尺寸

　　地暖安装是指安装地暖的全过程。地暖安装分为水地暖与电地暖两种，分别有干式和湿式两种安装方式。

① 地暖布管方式

螺旋形布管法

特点：产生的温度通常比较均匀，可通过调整管间距来满足局部区域的特殊要求。

迂回形布管法

特点：产生的温度通常一端高一端低。布管时管路需要弯曲 180°，适合在较狭窄的小空间内采用。

混合型布管法

特点：混合布管通常以螺旋形布管方式为主，迂回形布管方式为辅。

2 注意事项

试验压力为工作压力的 1.5~2 倍，但不小于 0.6MPa。稳压 1h 内压力降不大于
0.05MPa，且不渗不漏为合格。

3 安装尺寸

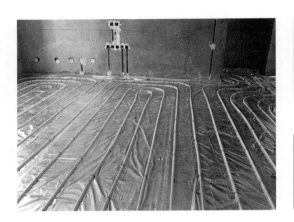

地暖管要用管夹固定，固定点
间距不大于 500mm（按管长
方向），大于 90°的弯曲管段
的两端和中点均应固定。

地暖安装工程的施工长度超过
6m 时，一定要留伸缩缝，防止
在使用时由于热胀冷缩导致地
暖龟裂从而影响供暖效果。

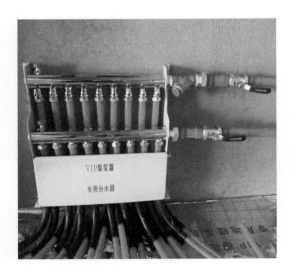

将分、集水器水平安装在图纸
指定位置上，分水器在上，集
水器在下，间距 200mm，集
水器中心距地面高度不小于
300mm。

第三章

电路施工中
的尺寸要求

电路施工主要工作内容是根据施工要求进行电路管线敷设及电器的安装。目前电气线路多采用暗装的方式，电线被套在管内埋入墙内和地面，线路一旦出了问题，不光维修麻烦，还会存在安全隐患，因此要熟练掌握电路施工中的尺寸要求。

电线电管数据与尺寸

选用电线电管时，要考虑用途、敷设条件及安全性。根据用途、型号、规格（导体截面）的不同，选用不同的电线电管。

塑铜线

塑铜线简称 BV 线，即一般用途单芯硬导体无护套电缆，也是生活中使用的普通绝缘电线、家装电线，是最常用的电线类型。

1 BVR 铜芯聚氯乙烯塑料软线

（1）特点

19 根以上铜丝绞在一起的单芯线，比 BV 线软。

（2）应用

适用于交流额定电压 450/750V 及以下动力、日用电器、仪器仪表及电信设备等线路，且多用于各种机械设备当中。

（3）规格表达

B 代表布电线，V 代表聚氯乙烯，R 则代表了软型电线。

（4）规格尺寸

标称截面 / mm²	线芯结构线径 / mm	参考重量 /（kg / km）	平均外径上限 / mm	20℃时导体电阻≤ /（Ω / km）
1.0	—	—	—	—
1.5	—	—	—	—
2.5	19 / 0.41	34.7	4.2	7.41
4	19 / 0.52	51.4	4.8	4.61
6	19 / 0.64	73.6	5.6	3.08
10	49 / 0.52	129	7.6	1.83
16	49 / 0.64	186	8.8	1.15
25	98 / 0.58	306	11.0	1.20
35	133 / 0.58	403	12.5	0.868
50	133 / 0.68	553	14.5	0.641
70	189 / 0.68	764	16.5	0.443

2 BV 铜芯聚氯乙烯塑料单股硬线

（1）特点

由 1 根或 7 根铜丝组成的单芯线。

（2）应用

普通绝缘电线，家用电线，是最常用的电线类型。

（3）规格表达

BV 线通常用绝缘层中心金属导体横截面积来区分型号规格。

示例：
4mm² BV 线铜芯横截面直径为 2.25mm，根据圆形面积计算公式 $S=\pi \times r \times r = 3.976\text{mm}^2$

（4）规格尺寸

综合数据

导体标称截面积 /mm²	导体种类	绝缘厚度规定值 /mm	平均外径 /mm		70℃时最小绝缘电阻 /（MΩ·km）
			下限	上限	
1.5	1	0.7	2.6	3.2	0.011
1.5	2	0.7	2.7	3.3	0.010
2.5	1	0.8	3.2	3.9	0.010

续表

导体标称截面积 / mm²	导体种类	绝缘厚度规定值 / mm	平均外径 / mm		70℃时最小绝缘电阻 / (MΩ · km)
			下限	上限	
2.5	2	0.8	3.3	4.0	0.0090
4	1	0.8	3.6	4.4	0.0085
4	2	0.8	3.8	4.6	0.0077
6	1	0.8	4.1	5.0	0.0070
6	2	0.8	4.3	5.2	0.0065
10	1	1.0	5.3	6.4	0.0070
10	2	1.0	5.6	6.7	0.0065
16	2	1.0	6.4	7.8	0.0050
25	2	1.2	8.1	9.7	0.0050
35	2	1.2	9.0	10.9	0.0043
50	2	1.4	10.6	12.8	0.0043
70	2	1.4	12.1	14.6	0.0035
95	2	1.6	14.1	17.1	0.0035
120	2	1.6	15.6	18.8	0.0032
150	2	1.8	17.3	20.9	0.0032
185	2	2.0	19.3	23.3	0.0032
240	2	2.2	22	26.6	0.0032
300	2	2.4	24.5	29.6	0.0030
400	2	2.6	27.5	33.2	0.0028

网线

网线是连接计算机网卡和路由器或交换机的电缆线。

1 双绞线

（1）特点

与其他传输介质相比，双绞线在传输距离、信道宽度和数据传输速度等方面均受到一定限制，但价格较为低廉。

（2）规格尺寸

两根线体绞合后，必然会有缩短的情况，因此有一个比较常用、可靠的公式：

下料长度＝所需工艺长度 ×1.05 － 冗余长度

下料长度指未双绞时的长度；冗余长度指根据不同直径线体需要减去不同的长度

冗余长度取值

线体直径	工艺长度 ×1.05 所得值	冗余长度
0.5~0.75mm	1000~1500mm	15mm
	1500~2000mm	20mm
	2000~2500mm	35mm
	2500~3000mm	50mm
0.85~1.0mm	1000~1500mm	10mm
	1500~2000mm	15mm
	2000~2500mm	30mm
	2500~3000mm	40mm

2 同轴电缆

（1）特点

可以在相对长的无中继器的线路上支持高带宽通信，但体积大、占用大量空间，不能承受缠结、压力和严重的弯曲，成本高。

（2）应用

适用于多种应用，其中最重要的有电视传播、长途电话传输、计算机系统之间的短距离连接以及局域网等。

（3）规格尺寸

常用同轴电缆尺寸

电缆型号	标称阻抗 / Ω	直径尺寸 φ/mm				
		内导体		绝缘层	屏蔽层	护套外径
		构成	外径			
软电缆和半刚电缆 (MIL-C-17-F)						
RG-5A / U	50	单芯	1.29	4.60	6.30D	8.33
RG-6A / U	75	单芯	0.72	4.70	6.30D	8.43
RG-8 / U	52	7 × 0.72	2.17	7.24	8.20S	10.29
RG-9 / U	51	7 × 0.72	2.17	7.11	8.70D	10.67
RG-10 / U	52	7 × 0.72	2.17	7.24	8.20S	12.07*
RG-11 / U	75	7 × 0.4	1.21	7.24	8.20S	1029
RG-12 / U	75	7 × 0.4	1.21	7.24	8.20S	12.07*

续表

电缆型号	标称阻抗 / Ω	直径尺寸 φ/ mm				
		内导体		绝缘层	屏蔽层	护套外径
		构成	外径			
RG-21 / U	53	单芯	1.29	4.70	6.30D	8.43
RG-55 / U	53.5	单芯	0.81	2.95	4.20D	5.23
RG-58 / U	53.5	单芯	0.81	2.95	3.60S	4.95
RG-59B / U	75	单芯	0.58	3.71	4.85S	6.15
RG-140 / U	75	单芯	0.64	3.71	4.47S	5.92
RG-141A / U	50	单芯	0.99	2.95	3.71S	4.83
RG-142B / U	50	单芯	0.99	2.95	4.34D	4.95
RG-144 / U	75	7×0.45	1.35	7.25	8.38S	10.40
RG-165 / U	50	7×0.8	2.40	7.25	8.64S	10.40
RG-174 / U	50	7×0.16	0.48	1.52	2.24S	2.54
RG-178B / U	50	7×0.1	0.30	0.91	1.37S	2.01
RG-179B / U	75	7×0.1	0.30	1.60	2.13S	2.54
RG-187 / U	75	7×0.1	0.30	1.52	2.13S	2.79
RG-188A / U	50	7×0.18	0.51	1.52	2.06S	2.79
RG-196 / U	50	7×0.1	0.30	0.86	1.37S	2.03
RG-212 / U	50	单芯	1.44	4.70	6.30D	8.43

续表

| 电缆型号 | 标称阻抗 / Ω | 直径尺寸 φ / mm | | | | |
| | | 内导体 | | 绝缘层 | 屏蔽层 | 护套外径 |
		构成	外径			
RG-213 / U	50	7 × 0.75	2.26	7.25	8.64S	10.29
RG-214 / U	50	7 × 0.7	2.26	7.25	9.14D	10.80
RG-215 / U	50	7 × 0.75	2.26	7.25	8.64S	12.07*
RG-216 / U	75	7 × 0.4	1.20	7.25	9.14D	10.90
RG-222 / U	50	单芯	1.41	4.70	6.30D	8.43
RG-223 / U	50	单芯	0.89	2.95	4.47D	5.49
RG-225 / U	50	7 × 0.79	2.38	7.24	9.14D	10.92
RG-303 / U	50	单芯	0.99	2.95	3.71S	4.32
RG-316 / U	50	7 × 0.1	0.51	1.52	2.06S	2.59
RG-316DT	50	7 × 0.1	0.51	1.60	2.22D	2.80
RG-400 / U	50	19 × 0.18	0.99	2.95	4.34D	4.95
RG-401 / U	50	单芯	1.64	5.46	—	6.35
RG-402 / U	50	单芯	0.91	3.02	—	3.58
RG-405 / U	50	单芯	0.51	1.68	—	2.18

注：S 表示单编织屏蔽层；D 表示双编织屏蔽层；* 表示铠装电缆。

穿线管

电线穿管可以避免电线受到建材的侵蚀和外来的机械损伤，能够保证电路的使用安全并延长其使用寿命，也方便日后的更换和维修。

1 PVC 套管

（1）特点

耐酸碱，易切割，施工方便，传导性差，耐冲击、耐高温和耐摩擦性能比钢管差。

（2）应用

广泛应用于电器、电机、变压器的引出线绝缘，线束、电子元器件的绝缘套保护，气体、液体流通管等。

（3）规格尺寸

Φ16、Φ20	用于室内照明
Φ25	用于插座或室内主线
Φ32	用于进户线或弱电线
Φ40、Φ50、Φ63、Φ75	用于室外配电线至入户的管线

2 钢套管

（1）特点

强度大，耐高温，耐摩擦性强。

（2）应用

可用于室内和室外，室内多用于公共空间的电路改造。

（3）规格尺寸

管材种类 （图注代号）	公称口径 /mm	外径 /mm	壁厚 /mm	内径 /mm	内孔 总面积 /mm²	内孔%时截面积 /mm²		
						22%	27.50%	33%
电线管 （TC）	16	15.87	1.6	12.67	126	42	35	28
	20	19.05	1.6	15.85	197	65	54	43
	25	25.40	1.6	22.20	387	128	106	85
	32	31.75	1.6	28.55	640	211	176	141
	40	38.10	1.6	34.90	957	316	263	211
	50	50.80	1.6	47.60	1780	587	490	392
	15	20.75	2.5	15.75	194	64	53	43
	20	26.25	2.5	21.25	355	117	97	78
	25	32.00	2.5	27.00	573	189	157	126

3 黄蜡管

（1）特点

它综合了大部分塑料的优越性能，耐冲击、耐低温、耐磨损、耐化学腐蚀，自身润滑，能吸收冲击。

（2）应用

适用于电机、电器、仪表、无线电等装置的布线绝缘和机械保护。

（3）规格尺寸

型号和特性

型号	特性
2715—1	高击穿电压，适用于运行在 105℃及以下的绝缘结构中
2715—2	中击穿电压，适用于运行在 105℃及以下的绝缘结构中
2715—3	低击穿电压

开关插座

开关插座就是安装在墙壁上使用的电器开关与插座，是用来接通和断开电路使用的家用电器，有时可以为了美观而使其具有装饰的功能。

1 开关

（1）注意事项

将导线与开关连接，一般红色线和黄色线是火线，蓝色是零线，黄绿双色线是接地线。

（2）符号表达

名称	符号	名称	符号
安培	AX（荧光灯电流） A（其他电流）	"断"位置	O
伏特	V	"通"位置	I
交流电	~	小间隙结构	m

名称	符号	名称	符号
相线	L	微间隙结构	μ
中线	N	半导体开关装置	ε
接地	⏚	相应的防护等级	IPXX

（3）规格尺寸

极数和额定值的优选组合

额定电流 A	极数	
	额定电压 120~250V	额定电压 > 250V
1、2和4	1	—
6	1	1
	2	2
10	1 2	1
		2
		3
		4
16、20、25、32、40、50和63	1	1
	2	2
	3	3
	4	4

极数和额定值的优选组合

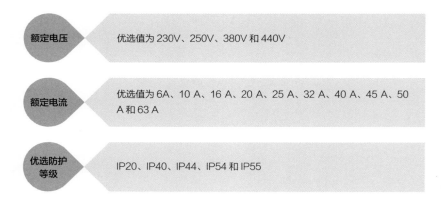

额定电压　　优选值为 230V、250V、380V 和 440V

额定电流　　优选值为 6A、10 A、16 A、20 A、25 A、32 A、40 A、45 A、50 A 和 63 A

优选防护等级　　IP20、IP40、IP44、IP54 和 IP55

2 插座

（1）操作手法

插座安装有横装和竖装两种方法。横装时，面对插座的右极接火线，左极接零线。竖装时，面对插座的上极接火线，下极接零线。单相三孔及三相四孔的接地或接零线均应在上方。

（2）注意事项

一些插座的面板上同时带有开关，可以通过开关来控制插座电路的通断，但面板上的插座和开关是独立的，为了实现用开关控制插座，二者需要连接。

▲ 三孔插座带开关正面结构

接 L2 时 L1 空出不接，接 L1 时 L2 空出不接。两者的区别在于：一个是按钮上端按下处于开启状态；一个是按钮下端按下处于开启状态

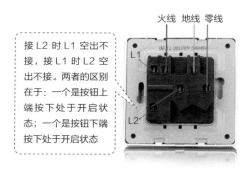

▲ 三孔插座带开关背面结构

（3）安装尺寸

安装位置及高度

插座用途	距地面高度 / m	备注
电冰箱	0.3 或 1.5	宜选择单相三极插座
分体式、挂式空调	1.8	宜根据出线管预留洞位置设置
窗式空调	1.4	在窗口旁设置
柜式空调	0.3	—
电热水器	1.8 ~ 2.0	安装在热水器右侧，不要将插座设在电热水器上方
燃气热水器	1.8 或 2.3	—
电视机	0.2 ~ 0.25（在电视柜下面的插座） 0.45 ~ 0.6（在电视柜上面的插座） 1.1（壁挂电视插座）	—
计算机	1.1	—
坐便器旁边	0.35	需要用防水插座
洗衣机	1.2 ~ 1.5	宜选择带开关三极插座
油烟机	2.15 ~ 2.2	根据橱柜设计，最好能被脱排管道所遮蔽
微波炉	1.6	—
垃圾处理器	0.5	放在水槽相邻的柜子里
小厨宝	0.5	放在水槽相邻的柜子里
消毒柜	0.5	在消毒柜后面
露台	1.4 以上	尽可能避开阳光、雨水所及范围

电线施工安装

电线施工是指家庭装修中照明设备、开关、插座等强电线路的改动，以及电视线、网线等弱电线路的布线。

定位、画线与开槽尺寸

施工前需明确家具摆放位置、开关插座数量等，考虑好布管引线的走向和分布。定位后，根据电线的走向，用墨斗线将电源、插座、电箱的位置连接起来，便于开槽。

1 定位

（1）操作顺序

入户门定位 ➜ 客厅灯具、开关和插座定位 ➜ 餐厅定位 ➜ 卧室、书房定位 ➜ 卫生间开关、插座定位 ➜ 过道及其他空间定位

（2）标记尺寸

1 毛坯房电视墙一侧，预留 2~3 个插座

2 卧室开关需定位在门边，与门口保持 150mm 以上的距离，与地面保持 1200~1350mm 的距离

3　床头一侧需定位灯具双控开关，与地面保持 950~1100mm 左右的距离

4　书房开关定位在门口，离地 1200~1350mm 的距离，灯具定位在房间中央

2　画线

（1）操作顺序

对电路各端口位置做文字标记，当开关、插座以及灯位等端口确定后，画出电线的走向。

（2）注意事项

弹线的线路走向应避开重点施工区域；墙面中的弹线应多弹竖线，减少横线。

（3）标记尺寸

地面中的电路画线，不要靠墙脚太近，需保持 300mm 以上的距离

3 开槽

（1）注意事项

开槽线路应避开承重墙和内部含有钢筋的墙体，不可将墙体内的钢筋切断；顶面开槽应避开横梁，不可在横梁上打洞。

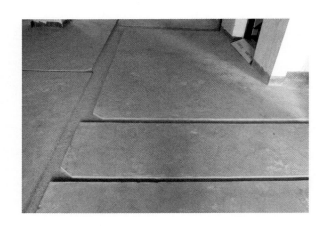

（2）开槽尺寸

地面开槽	深度不可超过 50mm，且地面 90° 开槽的位置，需切割出一块三角形
墙面开槽	强电和弱电需保持至少 150mm 以上的距离
暗敷设	管路保护层要大于 15mm，导管弯曲半径必须大于导管直径 6 倍以上
开槽的深度	一般来说，是 PVC 管的直径 +10mm

布管套管加工尺寸

整体的布管分布应当是顶面多，其次是墙面，最后是地面。长距离的穿线应当使用钢丝拉拽。用之前先将钢丝的一头打个钩，防止尖头划坏管材内部。

1 布管施工

（1）注意事项

① 布管排列横平竖直。多管并列敷设的明管，管与管之间不得出现间隙，拐弯处也同样。

② 弱电与强电相交时，需包裹锡箔纸隔开，以起到防干扰效果。

③ PVC 管弯曲时必须使用弯管弹簧，弯管后将弹簧拉出。弯曲半径不宜过小。在管中部弯曲时，将弹簧两端拴上钢丝，以便于拉动。

（2）布管尺寸

暗埋导管	暗埋导管外壁距墙表面不得小于 30mm
敷设导管	直管段超过 30m、含有一个弯头的管段每超过 20m、含有两个弯头的每超过 15m、含有 3 个弯头的每超过 8m 时，应加装线盒
明管敷设	地面采用明管敷设时应加管夹，卡距不超过 1m
穿线管弯曲	为了保证不会因为导管弯曲半径过小而导致拉线困难，导管弯曲半径应尽可能放大。穿线管弯曲时，半径不能小于管径的 6 倍
管夹卡距	地面采用明管敷设时应加管夹，卡距不超过 1m

2 套管加工

（1）冷煨法弯管（管径 25mm 时使用）

| 断管 | 煨弯 |

小管径可使用剪管器，大管径可使用钢锯断管。

将弯管弹簧插入 PVC 管内需要煨弯处，逐步煨出所需弯度，然后抽出弯管弹簧。

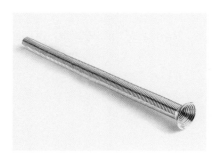
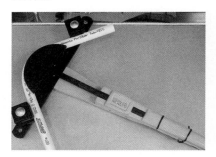

（2）热煨法弯管（管径 > 25mm 时使用）

| 加热 | 冷却定型 |

用电炉或热风机对需要弯曲部位进行均匀加热，直到可以弯曲时为止。

将管子的一端固定在木板上，煨出所需要的弯度，用湿布使其冷却定型。

（3）穿线管连接

① 注意事项

管路进盒、进箱时，一孔穿一管。先接端部接头，然后用内锁母固定在盒、箱上，再在孔上用顶帽型护口堵好管口，最后用泡沫塑料块堵好盒口。

② 连接尺寸

连接时间	穿线管用胶黏剂连接后 1min 内不要移动，牢固后才能移动
固定点距离	管路呈垂直或水平敷设时，每间隔 1m 距离时应设置一个固定点。管路弯曲时，应在圆弧的两端 0.3~0.5m 处加固定点

穿线与电线加工尺寸

管内穿线和导线连接要剥削绝缘层，剥削导线绝缘层的长度和方法，根据接线方法不同而不同。

1 穿线施工

（1）注意事项

强电与弱电不应穿入同一根管线内。强电与弱电交叉时，强电在上，弱电在下，横平竖直，交叉部分需用铝锡纸包裹。

（2）穿线方法

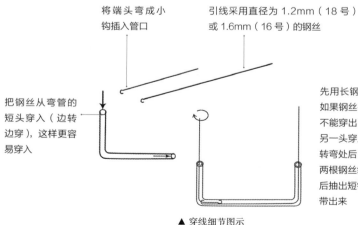

将端头弯成小钩插入管口

引线采用直径为 1.2mm（18 号）或 1.6mm（16 号）的钢丝

把钢丝从弯管的短头穿入（边转边穿），这样更容易穿入

先用长钢丝从一头穿入，如果钢丝在第二个转弯处不能穿出，再用短钢丝从另一头穿入，当钢丝穿过转弯处后，旋转短钢丝使两根钢丝缠绕在一起，然后抽出短钢丝，把长钢丝带出来

▲ 穿线细节图示

（3）穿线尺寸

电线规格标准

电线	规格	电线	规格
照明电线	1.5mm^2	空调柜机用线	4 mm^2
空调挂机插座用线	2.5 mm^2	进户线	10 mm^2

其他尺寸要求

① 同一回路电线需要穿入同一根线管中，但管内总电线数量不可超过 8 根，一般情况下 ϕ16 的电线管不宜超过 3 根电线，ϕ20 的电线管不宜超过 4 根电线。

② 穿入管内的导线接头应设在接线盒中，导线预留长度不宜超过 15cm。

③ 电线总截面面积（包括外皮）不应超过管内截面面积的 40%。

④ 电源线插座与电视线插座的水平间距不应小于 50mm。

2 电线加工尺寸

（1）操作流程

剥除绝缘层 ➡ 连接单芯铜导线 ➡ 制作单芯铜导线的接线圈 ➡ 制作单芯铜导线盒内封端 ➡ 连接多股铜导线 ➡ 装接导线出线端子 ➡ 导线绝缘处理

（2）加工尺寸

连接单芯铜导线（绞接法）

适用范围：适用于面积为 4mm^2 及以下的单芯连接。

两线交叉　　　　　　　　互绞 3 圈

▲ 步骤一

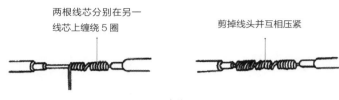

两根线芯分别在另一线芯上缠绕 5 圈

剪掉线头并互相压紧

▲ 步骤二

连接单芯铜导线（缠绕卷法直接连接）

适用范围： 适用于面积为 6mm² 及以下的单芯连接。

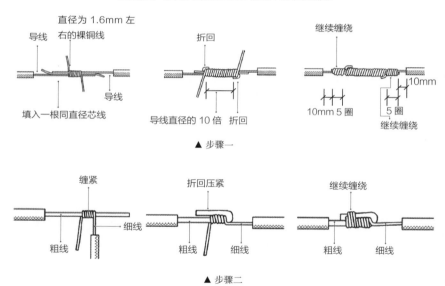

导线

直径为 1.6mm 左右的裸铜线

导线

填入一根同直径芯线

折回

导线直径的 10 倍　折回

继续缠绕

10mm 5 圈

10mm

5 圈

继续缠绕

▲ 步骤一

缠紧

细线

粗线

折回压紧

粗线　细线

继续缠绕

粗线　细线

▲ 步骤二

制作单芯铜导线的接线圈

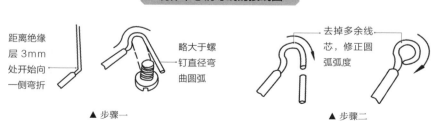

距离绝缘层 3mm 处开始向一侧弯折

略大于螺钉直径弯曲圆弧

去掉多余线芯，修正圆弧弧度

▲ 步骤一

▲ 步骤二

连接多股铜导线（单卷连接法直接连接）

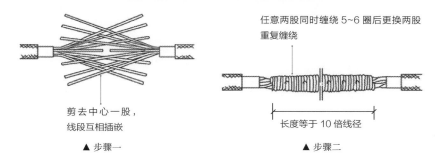

剪去中心一股，
线段互相插嵌

▲ 步骤一

任意两股同时缠绕 5~6 圈后更换两股
重复缠绕

长度等于 10 倍线径

▲ 步骤二

连接多股铜导线（单卷连接法分支连接）

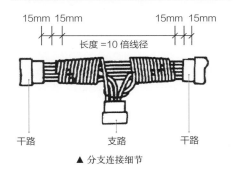

15mm 15mm   15mm 15mm

长度 =10 倍线径

干路   支路   干路

▲ 分支连接细节

连接多股铜导线（单卷连接法直接连接）

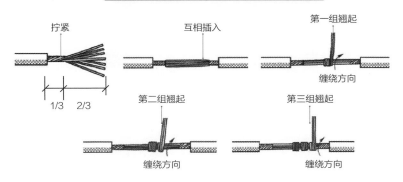

拧紧

1/3   2/3

互相插入

第一组翘起

缠绕方向

第二组翘起

缠绕方向

第三组翘起

缠绕方向

▲ 直接连接步骤示意

连接多股铜导线（单卷连接法直接连接）

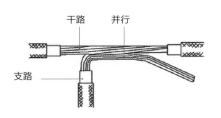

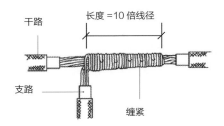

导线绝缘处理（一字形导线接头处理）

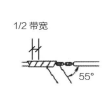

导线绝缘处理（十字分支接头处理）

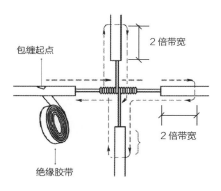

导线绝缘处理（T字分支接头处理）

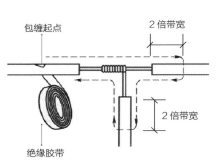

家用配电箱安装尺寸

家用配电箱分金属外壳和塑料外壳两种，有明装式和暗装式两类，其箱体必须完好无缺。

强电配电箱

配电箱能够合理地分配电能，方便对电路的开合操作，有较高的安全防护等级，能直观地显示电路的导通状态。

1 操作顺序

定位画线之后，用工具剔出洞口，敷设管线，接着将箱体放入预埋的洞口中稳埋，然后线路引进电箱并安装断路器、接线。

2 注意事项

剔洞口的位置不可选择在承重墙的位置。若剔洞时内部有钢筋，则应重新设计位置。

3 安装尺寸

控制开关的工作流量

照明 10A	插座 16~20A	1.5P 的壁挂空调 20A
3~5P 的柜机空调 25~32A		卫生间厨房 25A
10P 左右的中央空调需要独立 2P 40A 左右		
一般家用总开关用 2P 40A、63A（带漏电保护或不带漏电保护）		

弱电配电箱

家用弱电箱又称多媒体信息箱，其功能是将电话线、电视线、网线集中在一起，然后统一分配，提供高效的信息交换与分配。

1 布管施工

画线定位 ➡ 剔洞、埋箱、敷设管线 ➡ 压制插头、测试线路 ➡ 安装模块、面板

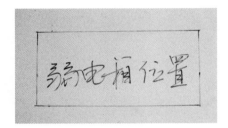

▲ 弱电箱定位

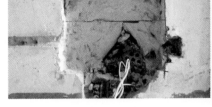

▲ 剔洞、敷设管线

2 注意事项

弱电箱安装的位置通常选择在室内各种进线和出线走向方便、且比较隐蔽容易装饰的位置，如玄关部位或壁橱内。

3 安装尺寸

定位	一般安装在距离地面高度 1.4m 左右的位置
埋箱	箱体埋入墙体时其面板露出墙面 1cm
压制插头	在距离绝缘层约 3~5mm 处去掉铝箔和填充绝缘体，再把冷压头内管插到铝箔和编织网之间

其他弱电系统施工安装

智能家居中的弱电主要有两类：一类是国家规定的安全电压等级及控制电压等低电压电能，另一类是载有语音、图像、数据等信息的信息源。

视频监控系统施工尺寸

家庭监控利用网络技术将安装在家内的视频、音频、报警等监控系统连接起来，通过中控电脑的处理将有用信息保存并发送到其他数据终端。

1 操作流程

安装机架 → 安装控制台 → 敷设电缆 → 敷设光缆 → 安装监视器

2 注意事项

电缆长度应逐盘核对，并根据设计图上各段线路的长度来选配电缆，宜避免电缆的接续。当电缆必须接续时，应采用专用接插件。

3 施工尺寸

（1）几个机架并排在一起，面板应在同一平面上并与基准线平行，前后偏差不得大于 3mm，两个机架中间缝隙不得大于 5mm。对于相互有一定间隔而排成一列的设备，其面板前后偏差不得大于 5mm。

（2）墙壁电缆当沿墙角转弯时，应在墙角处设转角墙担。电缆卡子的间距在水平路径上宜为 0.6m，在垂直路径上宜为 1m。

（3）敷设光缆时，其弯曲半径不应小于光缆外径的 20 倍。

（4）光缆接头的预留长度不应小于 8m。

入侵报警系统施工尺寸

入侵报警系统是利用传感器技术和电子信息技术探测并指示非法进入或试图非法进入设防区域的行为，处理报警信息，发出报警信息的电子系统或网络。

1 布管施工

安装控制器 → 敷设电缆 → 敷设光缆

2 注意事项

电缆穿管前应将管内积水、杂物清除干净。穿线时涂抹黄油或滑石粉，进入管口的电缆应保持平直，管内电缆不能有接头和扭结。穿好后应做防潮、防腐处理。

3 安装尺寸

控制器高度	控制器在墙上安装时，其底边距地面高度不应小于 1.5m；落地安装时，其底边宜高出地面 0.2~0.3m
报警控制器电阻	接地电阻值应小于 4Ω（采用联合接地装置时，接地电阻值应小于 1Ω）
电缆敷设尺寸	管线两固定点之间的距离不得超过 1.5m

第

四

章

瓦工施工中的
尺寸要求

泥瓦工施工属于中期工程，在水电施工结束后进场施工，施工内容主要包括地砖、墙砖的铺贴，墙体的砌筑以及地面的找平等。因此，在瓦工施工中对于尺寸的要求较多，并且需要严格遵守。

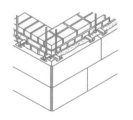 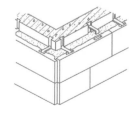

地面找平尺寸要求

待墙体砌筑、水电完工之后，瓦工正式进场，并开始地面找平施工。地面找平分为两部分，一部分是地砖铺贴找平，另一部分是木地板地面找平。

水泥砂浆找平

水泥砂浆找平是最常见、最通用的一种地面找平工法，通常设计运用在卧室等空间，用于找平后铺设木地板。

1 操作流程

清理基层 ➡ 墙面标记 ➡ 搅拌水泥砂浆 ➡ 铺设水泥砂浆并找平 ➡ 洒水养护

2 注意事项

在铺设水泥砂浆前，要涂刷一层水泥浆，涂刷面积不要太大，随刷随铺面层的砂浆。

3 施工尺寸

清除灰尘	用 10% 的火碱水溶液刷掉沉积的一些油污
平整度	木刮杠刮平之后，要立即用木抹子搓平，并要随时用 2m 靠尺检查平整度
洒水养护	地面压光完工后的 24h，要铺锯末或是其他的材料进行覆盖洒水养护，保持湿润，养护时间不少于 7d

自流平水泥找平

自流平水泥是一种科技含量高、技术环节比较复杂的地面找平工法，它是由多种活性成分组成的干混型粉状材料，现场拌水即可使用。

1 操作流程

对地面进行预处理 ➡ 涂刷界面剂 ➡ 倒自流平水泥

2 注意事项

地面打磨处理后，需要在打磨平整的地面上涂刷两次界面剂。

3 施工尺寸

水泥比例

通常水泥和水的比例是 1：2，确保水泥能够流动但又不可太稀。

硬化速度

硬化速度快，4~5h 后可上人行走，24h 后可进行面层施工。

水泥砂浆粉光

水泥砂浆粉光是一种饰面工程,经过水泥砂浆粉光过后的墙、地面便不需要再在上面增加铺砖、涂刷漆面等工序。

1 操作流程

涂刷界面黏合剂 → 筛沙,搅拌水泥砂浆 → 涂抹水泥砂浆 → 磨砂处理 → 涂刷保护剂

2 注意事项

界面黏合剂起到加固作用,提升水泥砂浆和墙地面的黏合度,因此需要将其安排在第 1 步。

3 施工尺寸

筛除次数	将买来的沙子进行 2 次筛除,将里面的大颗粒全部筛除出去,留下细砂
砂浆厚度	涂抹在墙面中的水泥砂浆厚度应保持在 15mm,涂抹在地面中的水泥砂浆厚度应保持在 25mm
砂浆硬化	表面磨砂处理需等待水泥砂浆完全干燥和硬化之后,再进行磨砂施工,一般需要等待 12~24h
养护时间	磨砂处理完成后,需对墙地面养护 7~14d

磐多魔地坪

磐多魔地坪不同于传统块状拼接地坪，其能保持地坪的完整度，没有缝隙，不会收缩。

1 操作流程

基层处理 ➡ 涂刷树脂漆 ➡ 洒上石英砂 ➡ 涂刷磐多魔骨材 ➡ 干燥打磨 ➡ 涂刷保护油

2 注意事项

磐多魔地坪施工对地面的平整度要求较高，若表面凹凸不平，则需要对地面进行找平工艺处理。

3 施工尺寸

刷树脂漆

涂刷第 1 遍树脂漆，厚度在 1.5mm 左右。过 24h 之后，开始涂刷第 2 遍树脂漆，厚度同样保持在 1.5mm 左右。

骨材涂刷

将磐多魔骨材均匀地涂刷到地面中，厚度保持在 5mm 左右。

干燥硬化

一般需要经过 24h 可干燥和硬化。

墙面砖铺贴

墙砖镶贴前必须对品牌、型号、色号进行核对，严禁使用几何尺寸偏差太大、翘曲、缺楞、掉角、釉面损伤、隐裂、色差等缺陷的墙砖。

墙面石材干挂尺寸

石材干挂施工又名石材悬空挂法，方法是用轻钢龙骨及金属挂件将石材直接吊挂于墙面上，不需要再进行灌浆铺贴。

1 操作流程

墙面基层处理 ➡ 放线 ➡ 安装龙骨及挂件 ➡ 石材钻孔及切槽 ➡ 安装石材 ➡ 注胶 ➡ 擦缝及饰面清理

2 注意事项

对石材要进行挑选，几何尺寸必须准确，颜色应均匀一致，石材均匀、背面平整，不准有缺棱掉角、裂缝等缺陷。

3 **施工尺寸**

膨胀螺栓钻孔位置	深度在 5.5~6.0cm
干挂石材的基层	板材与结构层间应留有 8~9cm 的调整间隙
安装石材	由下至上进行，将石材按顺序排列底层板

墙面瓷砖铺贴尺寸

墙砖铺贴是技术性极强且非常耗费工时的施工项目，一般铺贴卫生间、厨房墙面瓷砖需要 5~7 天。

1 **操作流程**

弹线分格 ➡ 排砖 ➡ 做灰饼 ➡ 浸砖 ➡ 铺贴面砖 ➡ 勾缝、清理

2 **注意事项**

墙面砖铺贴前，需先清除墙面基层的浮砂浆和原有乳胶漆等，并淋水湿润墙面空鼓的抹灰层，将抹灰层铲除后重新抹灰修补。若墙面较光滑，需进行凿毛面处理，并用素水泥涂刷一遍。

3 **施工尺寸**

（1）试排

①非整砖放在次要部位或阴角处。

② 非整砖宽度不宜小于整砖的 1/3。

③ 注意花砖的位置，腰线一般不高于 1200mm、不低于 900mm。

（2）做灰饼

正式镶贴前，可在墙上粘废瓷砖作为标志块，上下用托线板挂直，作为粘贴厚度的依据，横向每隔 1.5m 左右做一个标志块，用拉线或靠尺校正平整度。

（3）浸砖、湿润墙面

① 面砖镶贴前放入清洁水中浸泡 2h 以上；

② 冬季宜在 2% 的温盐水中浸泡；

③ 砖墙面要提前 1 天湿润，混凝土墙面提前 3~4 天湿润，以免吸走黏结砂浆中的水分。

（4）铺贴面砖

水泥砂浆调和	水泥和沙按照 1：3 的比例搅拌均匀，用标号为 32.5 的水泥搅拌好的水泥砂浆必须在 2h 内用完
灰浆厚度	面砖背面抹满灰浆，四周刮成斜面，厚度应为 6~10mm，注意边角要满浆
粘贴剂	采用水泥与陶瓷黏合剂 1：1 配合比，粘贴厚度一般为 6~10mm
粘贴阴阳角	阳角线宜做成 45°角对接。外侧需保留 1.5mm 厚度，以确保墙砖的强度及耐磨性

（5）铺贴允许误差

缝隙	误差范围	平整度
无缝砖、抛光砖在铺贴时留缝 1~1.5mm，不低于 1 mm；仿古砖一般是 3 ~ 5mm；阳台的外墙砖一般留缝 5mm 左右。	600mm 以上瓷砖，误差在 ±2mm 以内均为优等品，因此 施 工 误 差 在 1 ~ 3mm 均可。	平整度使用 1m 水平尺检查，误差为 1mm；使用 2m 靠尺检查，平整度误差为 2mm。

（6）勾缝

　　一般填缝时间在贴砖 24h 后，即瓷砖干固之后。填缝时间太早，将会影响所贴瓷砖，造成高低不平或者松动脱落。另外，在填缝之前，需要将瓷砖缝隙里面的灰土杂物清理干净。

墙面马赛克铺贴尺寸

一般的马赛克，具有防水、防潮、耐磨和容易清洁等特点，但其可塑性不强，大多用于外墙及厨卫等。

1 操作流程

基层处理 ➡ 找平层抹灰 ➡ 弹线 ➡ 粘贴 ➡ 揭纸 ➡ 调整 ➡ 擦缝、清理

2 注意事项

应当在马赛克粘贴好之后立刻擦缝。这样的好处在于防止填缝剂粘贴在马赛克表面，以免风干后不好清理。

3 施工尺寸

（1）基层处理

① 如果混凝土面层在建筑过程中附着有脱模剂，可用 10% 浓度的碱溶液刷洗，再用 1∶1 水泥砂浆刮 2~3mm 厚腻子灰 1 遍。

② 结合层水泥浆水灰比以 0.32 为最佳。

（2）找平层抹灰

砖墙面	用 1 : 3 水泥砂浆分层打底作找平层，厚度在 12~15mm，按冲筋抹平
加气混凝土块墙面	抹底层砂浆前墙面应洒水刷一道界面处理剂，随刷随抹
混凝土面	在墙面洒水，刷一道界面处理剂，分层抹 1 : 2.5 水泥砂浆找平层，厚度为 10 ~ 12mm，平冲筋面，厚度超过 12mm

（3）软贴法粘贴

① 应在湿润的找平层上刷素水泥浆一遍、3mm 厚的 1 : 1 : 2 纸筋石灰膏水泥混合浆黏结层。

② 马赛克粘贴面刮一层 2mm 厚的水泥浆，边刮边用铁抹子向下挤压，并轻敲木板振捣，使水泥浆充盈拼缝内，排出气泡。

③ 水泥浆的水灰比应控制在 0.3 ~ 0.35。

（4）硬贴法粘贴

在已经弹好线的找平层上洒水，刷一层厚度在 1 ~ 2mm 的素水泥浆，再按软贴法进行操作。

（5）干缝洒灰湿润法

在马赛克背面满撒 1∶1 细砂水泥干灰（混合搅拌应均匀）充盈拼缝。

其他墙面铺贴尺寸

进行墙面瓷砖铺贴时，会遇到插座、开关、底盒等墙面障碍，因此需要对墙砖进行切割，铺贴时也要注意之间的尺寸关系。

1 墙砖与底盒安装尺寸

（1）注意事项

安装底盒要与瓷砖面齐平，这样安装开关或者插座面板的螺丝就不需要额外配置安装螺丝。

（2）施工尺寸

① 底盒要比原始墙面稍微超出 5~10mm，这样在铺贴瓷砖的时候才能保证底盒和瓷砖面齐平。

② 墙面预埋 86 型暗盒必须分开布置，底盒与底盒间距应大于 1cm，强电底盒与弱电底盒间距应大于 20cm，高度必须一致。

③ 同一房间线盒高差不大于 5mm，线盒并列安装高差不大于 3mm，面板安装完毕高差不大于 1mm。

2 墙砖铺贴与进水管开孔尺寸

（1）注意事项

无论是安装锅炉还是热水器等设备，需要在瓷砖上开孔时，都必须使用开孔器开孔，确保安装后的美观度。

（2）施工尺寸

暗铺水管刨沟深度	水管铺设完成后管壁距粉刷墙面 15mm，固定点间距不大于 600mm，终端固定点离出水嘴部位不大于 100mm
配水点标高	厨房水槽、台盆配水点标高为 550mm，冷热出水口间距为 200mm；有橱柜的部位出水点应凸出墙面粉刷层 40mm，其余出水口应与完成面平齐或低 5mm 以内；浴缸龙头配水点标高为 650~680mm，冷热出水口间距 150mm；马桶、三角阀配水点标高为 150mm；淋浴龙头标高为 900mm，冷热出水口间距 150mm；淋浴喷头出水口间距 150mm；洗衣机龙头标高为 1100mm；热水器配水点标高应低于热水器底部 200mm，冷热出水口间距 180mm；拖把池龙头标高为 700~750mm
龙头开孔	装龙头处开孔必须开成圆孔，开孔的大小不能超过管径 2mm 以上

地砖铺贴

如果家居某个空间面积较大，并全部铺设地砖，应先预铺一遍，保证砖的花纹走向能够完全吻合，并把地砖统一编号后再进行铺设。这样能保证大面积地砖铺设完后的整齐划一。

拼贴样式尺寸

1 方格形拼贴

方格形拼贴设计对砖材尺寸没有要求，可是 300mm×300mm、600mm× 600mm、800mm×800mm 等多种尺寸。

正方形或长方形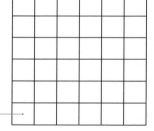

2 菱形拼贴

这种拼贴设计对砖材尺寸的唯一要求是必须为正方形材料。尺寸可以是 300mm×300mm、600mm×600mm、800mm×800mm 等多种类型。

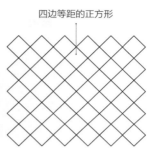

四边等距的正方形

3 错砖形拼贴

错砖形砖材尺寸通常为 450mm×60mm、500mm×60mm、750mm×90mm 以及 900mm×90mm 等多种尺寸。

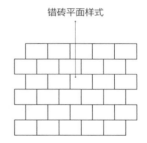

错砖平面样式

4 跳房子形拼贴

拼贴方式采用了两种不同尺寸的砖材，正方形大尺寸的砖材为 600mm×600mm，小尺寸的正方形砖材为 300mm×300mm。

大小两种尺寸跳着摆放

5 阶段形拼贴

阶段形拼贴是指中心采用大尺寸砖材铺贴，四周围绕小尺寸砖材的方式设计。通常中心的砖材尺寸要大于或等于 600mm × 600mm，才会呈现出较为美观的装饰效果。

小尺寸砖材围绕拼贴

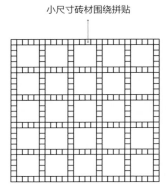

6 编篮形拼贴

编篮形拼贴是将一块正方形的砖材从中间切割开，分成两个竖条，再纵横错落拼贴而成的设计样式。砖材采用的尺寸适合为 600mm × 600mm、800mm × 800mm 两种。

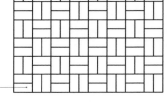

长方形砖材横竖错落拼贴

陶瓷地砖铺贴尺寸

瓷质砖铺装是技术性较强、劳动强度较大的施工项目。铺贴的规格较大，不能有空鼓存在，铺贴厚度也不能过高，避免与地板铺设形成较大落差。

1 操作流程

基层处理 ➡ 弹线 ➡ 贴饼，冲筋 ➡ 铺结合层砂浆 ➡ 铺砖 ➡ 压平，拔缝 ➡ 嵌缝 ➡ 养护

2 主要材料

| 水泥 | 砂 |

硅酸盐水泥、普通硅酸盐水泥。其强度等级不应低于 42.5 级。

中砂或粗砂，过 8mm 孔径筛子，其含泥量不应大于 3%。

| 釉面砖 | 通体砖 |

152mm×152mm（43.3 片/m²）、200mm×200mm（25 片/m²）、200mm×300mm（16.7 片/m²）等。

300mm×300mm（11.2 片/m²）、400mm×400mm（6.3 片/m²）、600mm×600mm（2.8 片/m²）、800mm×800mm（1.6 片/m²）等。

抛光砖

400mm×400mm（6.3 片 /m²）、600mm×600mm（2.8 片/m²）、800mm×800mm（1.6 片 /m²）、1000mm×1000mm（1 片 /m²）等。

玻化砖

400mm×400mm（6.3 片 /m²）、300mm×600mm（5.6 片/m²）、600mm×600mm（2.8 片 /m²）、800mm×800mm（1.6 片 /m²）、1000mm×1000mm（1 片 /m²）等。

微晶石

800mm×800mm（1.6 片 /m²）、1000mm×1000mm（1 片 /m²）等。

仿古砖

150mm×150mm（44.5 片 /m²）、300mm× 300mm（11.2 片 /m²）、600mm×600mm（2.8 片 /m²）、300mm×600mm（5.6 片 /m²）等。

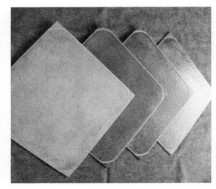

3 **作业条件**

① 内墙 +50cm 水平标高线已弹好，并校核无误。

② 墙面抹灰、屋面防水和门框已安装完。

③ 提前做好选砖的工作，预先用木条钉方框（按砖的规格尺寸）模子，拆包后一块块进行套选，长、宽、厚误差不得超过 ±1mm，平整度不得超过 ±0.5mm。

4 **施工尺寸**

（1）弹线

① 弹线时在房间纵横或对角两个方向排好砖，其接缝间隙的宽度应不大于 2mm。

② 当排到两端边缘不合整砖时，量出尺寸，将整砖切割成镶边砖。

③ 排砖确定后，应用方尺规方，每隔 3~5 块砖在结合层上弹纵横或对角控制线。

（2）贴饼，冲筋

灰饼厚度	灰饼表面应比地面建筑标高低一块砖的厚度
灰饼高度	厨房及卫生间内陶瓷地砖应比楼层地面建筑标高低 20mm，并从地漏和排水孔方向做放射状标筋，坡度应符合设计要求

（3）铺结合层砂浆

① 结合层拌合：干硬性水泥砂浆，体积配合比 1:3。

② 结合层厚度：一般厚度为 10~25mm；铺设厚度以放上面砖时高出面层标高线 3~4mm 为宜。

（4）铺砖

| 平整度 | 空鼓现象 | 缝隙宽度 |

要用 1m 以上的水平尺检查，误差不能超过 1mm，相邻砖高度不得超过 1mm。

地砖空鼓现象控制在 1% 以内，在主要通道上的空鼓必须返工。

贯通不能错缝，地砖缝宽 1mm，不能超过 2mm；地砖边与墙交界处缝隙不超过 5mm。

（5）勾缝、养护

① 铺贴完成 24h 后，用专业的勾缝剂将砖缝压实、勾匀。

② 常温下护湿时间不少于 7 天。

地面石材铺贴尺寸

一般地面石材的铺装，在基层地面已经处理完、辅助材料齐备的前提下，每个工人每天铺装 6m^2 左右。如果加上前期基层处理和铺贴后的养护，每个工人每天实际铺装 4m^2 左右。

1　操作流程

基层处理 ➡ 弹控制线 ➡ 标筋 ➡ 铺贴 ➡ 养护 ➡ 打蜡

2　主要材料

石材

品种、规格应符合设计、技术等级、光泽度、外观质量要求，同时应符合国家规定的石材放射性标准的规定。

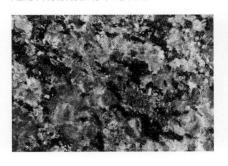 

水泥

砂子

采用硅酸盐水泥、普通硅酸盐水泥或矿渣硅酸水泥，其强度等级不宜小于 42.5 级。勾缝用白色硅酸盐水泥，其强度等级也不应小于 42.5 级。

采用中砂或粗砂，其含泥量不应大于 3%。

3 作业条件

① 房间内四周墙上弹好 +50cm 水平线。

② 施工操作前应画出铺设地面的施工大样图。

③ 冬期施工时操作温度不得低于 5 ℃。

4 施工尺寸

（1）弹控制线

根据墙面的 50 线在四周墙上弹楼（地）面建筑标高线，并测量房间的实际长、宽尺寸，按板块规格加 1mm 灰缝，计算长、宽方向应铺设的板块数。

（2）试排

在房间内的两个相互垂直的方向铺两条干砂，其宽度大于板块宽度，厚度不小于 3cm。

（3）灌缝、擦缝

① 在板块铺砌后 1~2 天后进行灌浆擦缝。

② 根据石材颜色，选择相同矿物颜料和水泥（或白水泥）拌和均匀，调成 1：1 稀水泥浆。

③ 灌浆 1~2 小时后，用棉纱团蘸原稀水泥浆擦缝。

④ 养护时间不应小于 7 天。

其他泥瓦工施工

除了墙地砖的铺贴，装修中还有其他泥瓦工施工，例如窗台铺贴、地脚线铺贴等，虽然工程量并不大，但也是重要的细节施工之一。

窗台石铺贴尺寸

窗台石可以避免窗外雨水溅落到原先窗台面上引起麻面、脱落、老化的现象发生，一般要宽出墙面，避免水在滴落过程中污染内部墙面。

1 操作流程

定位画线 ➡ 切割窗台板 ➡ 预埋基层 ➡ 窗台板安装

2 注意事项

① 安装大理石窗台板的窗下墙，在结构施工时应根据选用窗台板的品种，预埋木砖或铁件。

② 安装大理石窗台板应在窗框安装后进行。窗台板连体的，应在墙、地面装修层完成后进行。

3 施工尺寸

预埋基层	在窗台上均匀摆放木方，间距保持在 400mm 以内
窗台板安装	窗台板长超过 1500mm 时，除靠窗口两端下木砖或铁件外，中间应每 500mm 间距增加 3 块木砖或铁件

地脚线铺贴尺寸

地脚线的敷设通常是在地砖敷设完毕后进行。地脚线的安装分为明装和暗装，两者的施工基本一样，只是暗装需要增加一个墙面开槽的步骤。

1 操作流程

弹线 → 刮水泥浆 → 量垂直度 → 敲实定位

2 注意事项

不论采取什么方法铺贴，均先在墙面两端先各镶一块踢脚板，其上沿高度应在同一水平线上，出墙厚度要一致，然后在两块踢脚板上沿拉通线，逐块依顺序铺贴。

3 施工尺寸

（1）弹线

地脚线弹线高度多为 8cm、10cm、12cm、15cm。

（2）刮水泥浆

将踢脚板临时固定在铺贴位置，用稠度 10~15mm 的 1：2 水泥砂浆（体积比）灌浆。

第
五
章

木工施工中的
尺寸要求

木工施工是所有工程中最重要的一个环节，它包括衣柜、鞋柜、电视柜等各类家具的制作、室内天花的施工、石膏板隔墙的施工以及木质背景墙的制作等，其中涉及的尺寸要求也非常多。

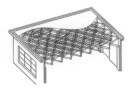

顶面木作施工

吊顶施工是木工工程中的核心环节，有着多种不同的施工造型，施工简单、容易操作的是平面吊顶施工，施工难度高、细节复杂的是实木梁柱和井格式吊顶施工。

材料及配件尺寸要求

在施工的过程中，造型设计越复杂、设计的材料越多，施工的复杂程度也会相应增加。

1 刨花板

（1）特点

承重力比较好，表面很平整，可以进行各种样式的贴面，结构牢度高、物理性能稳定、隔音效果好、抗弯性能和防潮性能好。

（2）分类

按照结构可分为单层结构刨花板、三层结构刨花板、渐变结构刨花板和定向刨花板。按制造方法可分为平压刨花板、挤压刨花板。

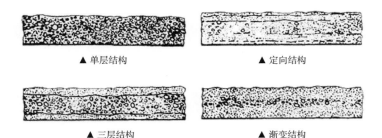

▲ 单层结构　　　　　　　　▲ 定向结构

▲ 三层结构　　　　　　　　▲ 渐变结构

（3）规格

　　刨花板公称厚度为 4mm、6mm、8mm、10mm、12mm、14mm、16mm、19mm、22mm、25mm、30mm 等，其中以 19 mm 为标准厚度；幅面为 1220mm×2440mm。

2 纤维板

（1）特点

　　具有材质均匀、纵横强度差小、不易开裂、表面光滑、平整度高、易造型等特点。

（2）分类

| 高密度纤维板 | 中密度纤维板 | 低密度纤维板 |

强度高、耐磨、不易变形，可用于墙壁、门板、地面、家具等。　　尺寸稳定性好，表面平整光滑，机加工性能好，可在其上粘贴刨切的薄木或花纹。　　结构松散、强度较低，但吸音性和保温性好，主要用于吊顶等。

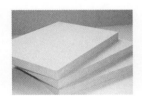

（3）规格尺寸

高密度纤维板	宽度为 220~2130mm，长度为 2440~3600mm。特殊规格尺寸由供需双方确定
中密度纤维板	幅面宽度为 1220mm、915mm，长度为 2440mm、2135mm、1830mm。特殊规格尺寸由供需双方确定
低密度纤维板	幅面宽度为 1220mm，长度为 2440mm。特殊规格尺寸可定制

3 细木工板

（1）特点

　　握螺钉力好，强度高，具有质坚、吸声、绝热等特点，而且含水率不高，在10%~13% 之间，加工简便，用途最为广泛。

（2）分类

按板芯结构	实心细木工板、空心细木工板

按板芯接拼状况	胶拼板芯细木工板、不胶拼板芯细木工板

按表面加工情况	单面砂光细木工板、双面砂光细木工板和不砂光细木工板

按使用环境	室内用细木工板、室外用细木工板

按层数	三层细木工板、五层细木工板、多层细木工板

按用途	普通用细木工板、建筑用细木工板

（3）规格尺寸

宽度和长度

（单位：mm）

宽度	长度				
913	915	—	1830	2135	—
1220	—	1220	1830	2135	2440

厚度偏差

（单位：mm）

基本厚度	不砂光		砂光（单面或双面）	
	每张板内厚度公差	厚度偏差	每张板内厚度公差	厚度偏差
≤ 16	1	±0.6	0.6	±0.4
>16	1.2	±0.8	0.8	±0.6

其他尺寸

平整度

幅面 1220mm×1830mm 及以上，平整度偏差≤ 10mm，幅面小于 1220mm ×1830mm 时，平整度偏差≤ 8mm

垂直度

相邻边垂直度不超过 1.0mm/m

边缘直度

边缘直度不超过 1.0mm/m

4 多层实木板

（1）特点

具有变形小、强度大、内在质量好（割锯后孔洞小、不分层）、平整度好、不易变形的特点及良好的调节室内温度和湿度的优良性能，面层实木贴皮材料又具有自然真实木质的纹理及手感，所以选择性更强。

（2）分类

三聚氰胺饰面板

选用各种优质的密度板、刨花板、防潮板等，双面压贴制作成各种高档装饰板，适用于各种办公家具、高档衣柜、移动门、卫生隔断等。

烤瓷镜面板

不锈钢板经研磨和抛光加工后表面平整而具镜面光泽的花岗石板材，可用于建筑物的内外装饰。

（3）规格尺寸

夹板一般分为 3 厘板、5 厘板、9 厘板、12 厘板、15 厘板和 18 厘板六种规格（1 厘即为 1mm）。

5 指接板

（1）特点

指接板由多块木板拼接而成，上下不再粘压夹板。由于竖向木板间采用锯齿状接口，类似两手手指交叉对接，故而得名。与木工板的用途一样，只是指接板在生产过程中用胶量比木工板少得多，所以是较木工板更为环保的一种板材。

（2）分类

按指榫的类型

可分为梯形 H 型（侧厚见指）及梯形 V型（宽面见指）。

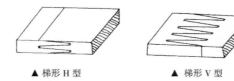

▲ 梯形 H 型　　　　　▲ 梯形 V 型

根据表面是否有树结

可分为无结指接板、有结指接板。

按承载情况

可分为结构用指接板、非结构用指接板。

（3）规格尺寸

标准指榫尺寸

指榫类别	l /mm	t /mm	b /mm	W	α /°	s /mm
I 类 $W < 0.17$	10	4	0.6	0.15	7.99	0.03
	12	4	0.4	0.1	7.61	0.03
	15	6	0.9	0.15	7.98	0.03
	20	8	1.2	0.15	7.98	0.03

指榫类别	l /mm	t /mm	b /mm	W	α /°	s /mm
Ⅰ类 $W < 0.17$	25	10	1.5	0.15	7.98	0.03
	30	12	1.8	0.15	7.98	0.03
	35	12	1.8	0.15	6.85	0.03
	40	12	2	0.17	5.71	0.03
	45	12	2	0.17	5.08	0.03
Ⅱ类 $W \geqslant 0.17$	10	3.5	0.7	0.2	6.01	0.03
	15	6	1.5	0.25	5.72	0.03
	20	8	1.6	0.2	6.85	0.03
	25	9	1.8	0.2	6.17	0.03
	30	10	2	0.2	5.72	0.03

注：l 表示长，指榫根部至指顶的长度；t 表示距，即两相邻指榫中线之间的距离，或称节距；b 表示顶宽，即榫顶部宽度；α 表示斜角，$\alpha = \tan^{-1}(t-2b)/(2t-2s)$；$s$ 表示顶隙，即两指榫对接件对接后，指顶与对应指谷底平面之间的间隙；W 表示宽距比，$W=b/t$。

木龙骨吊顶施工尺寸

木龙骨骨架是吊顶工程中常用的材料，但如果前期的施工不规范，会严重影响美观效果，甚至还可能影响居住者的安全。

1 操作流程

弹线找平 → 安装吊杆 → 安装边龙骨 → 安装主龙骨 → 安装次龙骨和横撑龙骨 → 安装饰面板

2 注意事项

吊顶骨架封板前必须检查各隐蔽工程的合格情况（包括水电工程、墙面楼板等是否有隐患问题或有残缺情况）。

▶ 安装吊顶龙骨

▶ 梳理灯具线路

3 施工尺寸

（1）弹线找平

① 弹线前先找出水平点，水平点距地面500mm。

② 弹出水平线，水平线标高偏差不应大于 ±5mm。

③ 在楼板上弹出主龙骨的位置，主龙骨应从吊顶中心向两边分，最大间距为 1000mm，并标出吊杆的固定点，间距为 900 ~ 1000mm。

（2）安装主龙骨

吊顶主筋和间距设置

吊顶主筋采用不低于 3cm×5cm 木龙骨，间距为 300mm，必须使用 ϕ8mm 膨胀螺栓固定，约 1m² 用量一个。

主龙骨安装

吊顶主龙骨采用 20mm×40mm 木龙骨，用 ϕ8mm×80mm 的膨胀螺丝与原结构楼板固定，孔深不超过 60mm，每平方米不少于 3 颗膨胀螺丝。

检查龙骨架底面

龙骨架的底面是否水平平整，误差要求小于 1‰，超过 5m 拉通线，最大误差不能超过 5mm。

（3）安装次龙骨和横撑龙骨

　　① 次龙骨应紧贴主龙骨安装。次龙骨间距为 300～600mm。

　　② 当用自攻螺钉安装板材时，板材接缝处必须安装在宽度不小于 40mm 的次龙骨上。

（4）安装饰面板

自攻螺钉间距	自攻螺钉的间距以 150~170mm 为宜，板中螺钉间距不得大于 200mm
自攻螺钉距离	自攻螺钉至纸面石膏板的长边的距离以 10～15mm 为宜；切割的板边以 15～20mm 为宜
石膏板弹线分块	纸面石膏板使用前必须弹线分块，封板时相邻板留缝 3mm，使用专用螺钉固定，沉入石膏板 0.5~1mm，钉距为 15~17mm

轻钢龙骨吊顶施工尺寸

轻钢龙骨吊顶,就是我们经常看到的天花板,特别是造型天花板,都是用轻钢龙骨做框架,然后覆上石膏板做成的。它的特点是比较轻,但是强度又很大。

1 操作流程

弹线 ➡ 安装大龙骨吊杆 ➡ 安装大龙骨 ➡ 安装中龙骨 ➡ 安装小龙骨 ➡ 安装罩面板 ➡ 安装压条 ➡ 刷防锈漆

2 作业条件

（1）按设计要求间距,预埋 $\phi 6$~$\phi 10$ 钢筋混吊杆,设计无要求时按大龙骨的排列位置预埋钢筋吊杆,一般间距为 900~1200mm。

（2）当吊顶房间的墙柱为砖砌体时,应在吊顶的标高位置沿墙和柱的四周预埋防腐木砖,沿墙间距900~1200mm,柱每边应埋设木砖两块以上。

3 施工尺寸

（1）安装大龙骨吊杆

层高较高的空间

钻眼时采用电锤配合 $\phi 10$mm 钻头来钻孔,钻眼深度为 60mm,安装 $\phi 8$mm 配套金属膨胀螺栓,悬挂吊筋。

常规层高的空间

无需采用吊杆吊件,直接将50mm×70mm 的木龙骨固定在顶面。采用长度为 80mm 的钢钉钉接,钉接间距为 200mm 左右。

（2）安装中龙骨

① 固定板材的中龙骨间距不得大于 600mm，在潮湿地区和场所间距宜为 300~400mm。

② 接缝处中龙骨宽度不得小于 40mm。

（3）起拱、调平

起拱高度　为了消除顶棚由于自重下沉产生挠度和目视的视差，吊顶龙骨必须起拱，起拱高度不小于房间短向跨度的 1/200

拼装间距　吊顶拼装次龙骨方格间距为 400~600mm

（4）安装罩面板

封石膏板

自攻螺钉沉入板面 0.5mm，间距不大于 200mm。

接缝缝隙

石膏板接缝处应预留 5~8mm 的缝隙，缝隙背面必须有龙骨。

扣板吊顶施工尺寸

扣板吊顶一般用于厨房、卫生间，具有良好的防潮、隔声的效果。常用的扣板有塑料扣板和金属扣板两种。

1 操作流程

定位边龙骨 ➡ 安装主龙骨吊杆 ➡ 安装龙骨 ➡ 安装扣板 ➡ 清理

2 注意事项

龙骨完成后要全面校正主、次龙骨的位置及水平度。连接件应错位安装，检查安装好的吊顶骨架，应牢固可靠。

3 施工尺寸

（1）安装主龙骨吊杆

在弹好顶棚标高水平线及龙骨位置后，用 ϕ8mm 的膨胀螺钉将吊筋固定在顶棚上，吊筋间距控制在 1200~1500mm 范围内。

（2）安装龙骨

① 主龙骨选用 UC38 轻钢龙骨，间距控制在 900~1200mm 范围内。

② 墙四周预埋防腐木楔并用圆钉固定 25mm×25mm 龙骨，圆钉间距不大于 300mm。

③ 若采用钢钉固定，其间距不得大于 300mm。

（3）允许误差

吊顶标高 ▸ 水平允许误差 ±5mm

龙骨起拱 ▸ 高度不小于房间面跨度的 5%

吊顶平面 ▸ 水平误差不能超过 5mm

墙面木作施工

　　墙面的木作造型可设计出各种样式，如圆形、方形等，这主要是因为木材施工的可塑性强。但在施工时要特别注意尺寸的要求，保证施工安全。

木作造型墙施工尺寸要求

　　施工时，应严格遵循图纸尺寸，并在支架结构上加固安装，以防止当表面粘贴石材等材料时出现晃动等情况。

1 操作流程

木骨架制安 → 安装表面板材 → 清洁

2 注意事项

　　所有木方和木夹板均应先进行防潮、防火、防虫处理，然后将木夹板用白乳胶加钉钉装于框架上，必须牢固、无松动，做到横平竖直。

3 施工尺寸

安装面材	没有木线掩盖的转角处，必须采用 45° 拼角，对于木饰面要求拼纹路的，按照图纸拼接好
处理缝隙	如果是空缝或密缝的，按设计要求空缝的缝宽应一致且顺直，密缝的拼缝紧密，接缝顺直。在有木线的地方，按设计所选择木线，钉装牢固。钉帽凹入木面 1mm 左右，不得外露

软、硬包制作尺寸要求

　　软、硬包施工的重点在于基层处理，以及软、硬包面层的安装中。在基层施工中，软、硬包面积的长宽比需先计算好，并分配出若干个软、硬包块，避免出现大小不一致的软、硬包块。

1　操作流程

　　基层处理 ➡ 安装木龙骨 ➡ 安装三合板 ➡ 安装软、硬包面层

2　注意事项

　　三合板在铺钉前应在板背面涂刷防火涂料。木龙骨与三合板的接触面应抛光使其平整。用气钉枪将三合板钉在木龙骨上，三合板的接缝应设置在木龙骨上，钉头应埋入板内，使其牢固平整。

3　施工尺寸

安装木龙骨	木龙骨纵向间距为 400mm，横向间距为 300mm；门框纵向正面设双排龙骨孔，距墙边为 100mm，孔直径为 14mm，深度不小于 40mm，间距在 250~300mm 之间
安装木楔	木楔应做防腐处理且不削尖，直径应略大于孔径。用靠尺检查龙骨面的垂直度和平整度，偏差应不大于 3mm

地面木作施工

地面木作主要是木地板的铺装施工，有三种不同的工艺，分别是悬浮铺设法、龙骨铺设法和直接铺设法。三种木地板铺贴工艺各有优势，视具体空间情况来选择。

悬浮铺设地板尺寸要求

悬浮式铺装工法是把地面找至水平以后，铺上防潮膜，在防潮垫上直接铺装地板的方法。

1 操作流程

铺设地垫 ➡ 铺设地板

2 适用范围

一般适合强化地板和实木复合地板使用。

3 注意事项

检查实木地板色差，按深、浅颜色分开，尽量规避色差，先预铺分选。色差太大的，应考虑退换。

4 施工尺寸

铺设地垫	地垫间不能重叠，接口处用 60mm 的宽胶带密封、压实，地垫需要铺设平直，墙边上引 30~50mm，低于踢脚线高度
铺设地板	从左向右铺设地板，母槽靠墙，加入专用垫块。预留 8~12mm 的伸缩缝，进行正式铺装地板

龙骨铺设地板尺寸要求

龙骨铺设工法是指在地面中铺钉龙骨，先用钉子等距离固定好龙骨的位置，然后在龙骨上铺设地板的一种施工工法。

1 操作流程

安装木龙骨 → 铺装木地板

2 适用范围

适用于实木地板和复合地板，要求地板具有较高的抗弯强度。

3 注意事项

首先确定木龙骨的安装方向，需要和地板垂直安装。即空间内的地板计划横着铺设，则木龙骨则需要纵向铺设。

4 施工尺寸

固定木龙骨

木龙骨使用钢钉直接钉在水泥地面，并确保木龙骨彼此之间的间距一致，保持在 300mm 左右。

铺装毛地板

毛地板铺设在龙骨上，每排之间要留有一定的空隙，用铁钉或是螺纹钉在毛地板和龙骨间固定并找平。毛地板可以铺设成斜角30° 或 45°，这样可以减少应力。

直接铺设地板尺寸要求

直接铺设工法是指将地板直接铺设在地面的一种施工工法。直接铺设法对地面要求很高，需要地面平整，而且前期也要先经过几道工序的处理然后再铺装。

1 操作流程

基层处理 ➡ 撒防虫粉，铺防潮膜 ➡ 铺装地板

2 适用范围

这种方法一般适用于长度在 350mm 以下的实木地板和软木地板的铺设，但实木地板很少用这样的铺设方法。

3 注意事项

（1）防潮膜要满铺地面，甚至在重要的部分可铺设两层防潮膜。

（2）铺设地板时不能太过用力，否则拼接处会凸起来。在固定地板时，要注意地板是否有端头裂缝、相邻地板高差过大或者拼板缝隙过大等问题。

4 施工尺寸

地面找平	地面的水平误差不能超过 2mm，超过则需要找平
撒防虫粉	防虫粉不需要满撒地面，可呈 U 字形铺撒，间距保持在 400~500mm 就可以

柜体制作

柜体工法是指有关衣帽柜、橱柜、装饰柜、鞋柜等柜体在室内制作和安装的工艺工法。其主要分为两个部分：一部分是现场制作柜体的工艺工法；另一部分是成品柜体在现场的组装工法。

现场木制柜

现场木制柜是指在施工现场根据实际情况制作而成的柜体，是考验木工施工技术的一项重点工法。

1 操作流程

画线 ➜ 确定固定点 ➜ 下料 ➜ 组装 ➜ 安装饰面板 ➜ 收口条 ➜ 修整 ➜ 喷漆

2 注意事项

对于一些贴墙的柜子，尤其是固定的柜子，做好防潮处理是非常必要的。防潮油涂刷墙面和地面要超出木制品的长、宽至少100mm。

3 施工尺寸

（1）下料

组合基层框架后检查精度：垂直度≤ 2mm，水平误差≤ 1mm，翘曲度≤ 2mm。

（2）门扇制作

允许误差	清理门扇四面，检查几何尺寸，对角线及四周边误差≤ 1mm
收口尺寸	门扇周边均用 25mm × 5mm 实木线收口
放置时间	门扇制作完成后，应统一放于平整场地用重物压置，或用木方顶压，时间不少于 3 天
接缝要求	间隙缝尺寸在 3~4mm

（3）喷漆

① 在喷涂油漆的过程中，最少要进行 5 遍打磨，喷 2 遍底漆、3 遍面漆。

② 每一遍喷漆干燥后都要用 320 水磨砂纸打磨平整，最后还要用 400~500 水磨砂纸打磨。

③ 面漆通常要喷 2~3 遍，第一遍喷漆稠度要小些，以使涂层干燥得快；第二、三遍喷漆稠度可大些，以使涂层显得丰满。

（4）柜类制作尺寸及允许偏差

柜门缝宽度	允许偏差≤1.5mm
垂直度	允许偏差≤2.0mm
对角线长度	允许偏差≤2.0mm

橱柜制安

橱柜制安是指橱柜的定制、制作以及现场安装的施工工法。在橱柜采用成品定制的情况下，木工不需要掌握橱柜板材的切割方法，但需要掌握成品橱柜进场后的组装工法。

1 操作流程

预排尺，计算长度及柜门数量切割 ➡ 加工橱柜板材，组装橱柜 ➡ 安装到厨房 ➡ 安装大理石台面以及洗菜槽等五金件 ➡ 安装定制柜门

② 注意事项

　　橱柜铰链选用数量要根据实际安装情况来确定，门板配用的铰链数量取决于门板的宽度和高度、门板的重量、门板的材质。

③ 施工尺寸

（1）计算橱柜宽度

　　橱柜宽度尺寸是根据从左至右空间的尺寸量出来的，左边和右边的测量尺寸减去 1~2cm 进行下料。

（2）组装橱柜板材

　　使用生态钉或地板钉将橱柜板材钉在一起，每相邻 2 块板材之间至少需要钉 3 颗钉子，以保证橱柜的稳固度。

（3）调节门板

　　通过松开铰座上的固定螺钉，前后滑动铰臂位置来调节门板，有 2.8mm 的调节范围。

第  六 章

油饰施工中的
尺寸要求

油饰工是家庭装修中最后进场的工种，施工内容分为两
个部分，一个是墙面漆的施工，另一个是木作漆的施工。
油饰施工除了有严格的顺序和步骤要求，也有尺寸规格
的要求需要了解。

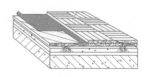 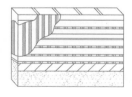

饰面施工

饰面施工是指墙面装饰材料的施工工法，常见的装饰饰面工程，即抹灰饰面、涂料饰面、贴面类饰面、卷材饰面、板材饰面等。

抹灰施工尺寸

抹灰是针对粗糙水泥墙面或外露砖墙墙面进行的找平施工，通过抹灰为内墙乳胶漆涂饰与壁纸铺贴打好基础，方便下一步工序。

1 操作流程

基层处理 ➡ 放线 ➡ 贴饼、冲筋 ➡ 做护角 ➡ 抹底灰 ➡ 抹罩面灰 ➡ 抹水泥窗台板 ➡ 抹墙裙、踢脚

2 主要材料

普通硅酸盐水泥	中砂
强度等级应不小于 32.5 号，不同品种、不同标号的水泥不能混用。	用前要经过网筛，不能含有泥土、石子等杂物。

3 **注意事项**

水泥砂浆拌好后应在初凝前用完，凡是结硬砂浆不能继续使用。如果用石灰砂浆抹灰，所用石灰膏的熟化期应不少于 15 天，罩面用磨细生石灰粉的熟化期应不少于 3 天。

4 **施工尺寸**

（1）基层处理

基层表面凸出	用钢丝刷满刷 1 遍，提前 1 天浇水润湿
基层表面油污	用清洗剂或去污剂除去
拉毛方法	将界面剂调成糊状，均匀地抹在墙面上，厚度一般为 2mm 左右

（2）贴饼、冲筋

① 灰饼一般用 1：3 水泥砂浆做成边长 50mm 的方形，每隔 1.2~1.5m 上下各加若干个灰饼。

② 灰饼用与抹灰层相同的水泥砂浆进行冲筋，一般筋宽约 100mm，厚度与灰饼相同。

③ 冲筋时上下两灰饼中间分两次抹成凸八字形，比灰饼高出 5~10mm。

④ 墙面高度不大于 3.5m 时宜冲立筋；墙面高度大于 3.5m 时宜冲横筋。

（3）做护角

护角抹灰调配	用 1：3 水泥砂浆，也可以用 1：2 水泥砂浆（或 1：0.3：2.5 水泥混合砂浆）
护角高度、宽度	护角高度应不低于 2m，每侧宽度不应小于 50mm
洞口阳角	应用 1：2 水泥砂浆做暗护角，高度不低于 2m，每侧宽度应不小于 50mm

（4）抹底灰

开始时间

冲筋完 2h 后方可开始抹底灰。

底灰材料

采用 1：3 水泥砂浆或 1：0.3：3 混合砂浆。

打底厚度

无要求时一般为 13mm，每道厚度一般为 5~7mm。

（5）抹罩面灰

　　① 采用 1：2.5 水泥砂浆或 1：0.3：2.5 水泥混合砂浆。

　　② 厚度一般为 5~8mm。

　　③ 底层砂浆抹好 24h 后，将墙面底层砂浆湿润。

（6）抹墙裙、踢脚

　　① 基层处理干净，刷界面剂后抹 1：3 水泥砂浆底层。面层用 1：2.5 水泥砂浆。

　　② 踢脚面或墙裙面一般凸出抹灰墙面 5~7mm，并且出墙厚度一致。

壁纸铺贴尺寸

壁纸粘贴是一种较高档次的墙面装饰施工，粘贴工艺复杂，成本高。在铺贴过程中，需要将相邻幅面壁纸上的图案作无缝对齐。

1 操作流程

墙面处理 ➡ 配制胶 ➡ 裁纸 ➡ 壁纸上胶 ➡ 壁纸铺贴

2 注意事项

粘贴壁纸前要弹垂直线与水平线，拼缝时先对图案、后拼缝，使上下图案吻合。这是保证壁纸、壁布横平竖直、图案正确的依据。

3 施工尺寸

（1）配制胶

① 在墙面干燥或基膜上墙壁 48h 后，可开始调配胶水。

② 按照胶粉配比要求，准备好清水倒入胶粉搅拌，放置 5~10min。

（2）裁剪壁纸

① 根据测量的墙面高度，用壁纸刀裁剪壁纸。一般情况下，可以先裁 3 卷壁纸试贴。

② 考虑修剪的量，两端各留出 30~50mm，然后剪出第一段壁纸。

（3）涂刷壁纸胶水

　　将壁纸胶水用滚筒或毛刷刷涂到裁好的壁纸背面。涂好胶水的壁纸需面对面对折，将对折好的壁纸放置 5~10min，使胶液完全透入纸底。

（4）壁纸铺贴

垂直基准线

　　用准心锤在离开墙内 500mm 处测出垂直基准线，依照基准线由上而下贴。

阳角拼贴

　　禁止在阳角处拼缝，壁纸要包裹阳角 20mm 以上。

裁掉重叠的壁纸

　　上下多余的壁纸用刀割去，最好往里多裁 10~20mm。

裁剪开关插座位置壁纸

　　一般是从中心点割出两条对角线，就会出现 4 个小三角形，再用刮板压住开关插座四周，用壁纸刀将多余的壁纸切除。

硅藻泥施工尺寸

硅藻泥是一种流体的材料，需要先加水搅拌，然后再涂刷到墙面中施工。硅藻泥施工分两部分，一是涂刷两遍基底涂料，二是制作肌理图案。

1 操作流程

搅拌涂料 ➡ 涂刷两遍涂料 ➡ 肌理图案制作 ➡ 收光

2 施工尺寸

搅拌涂料时，先在搅拌容器中加入施工用水量 90% 的清水，然后倒入硅藻泥干粉浸泡几分钟，再用电动搅拌机搅拌约 10 分钟，搅拌同时添加 10% 的清水调节施工黏稠度。

① 第 1 遍涂平约 1mm，完成后干燥约 50 分钟，根据现场气候情况而定，以表面不粘手为宜，有露底的情况用料补平。

② 涂抹第 2 遍，厚度约 1.5mm。总厚度在 1.5~3.0mm。

油漆施工

油漆工是装修中最后进场的工种，施工内容分为两个部分，一个是墙面漆的施工，另一个是木作漆的施工。

清漆涂饰尺寸

清漆主要用于木质结构、家具表面涂饰，它能起到封闭木质纤维，保护木质表面，光亮美观的作用。

1 操作流程

基层处理 → 润色油粉 → 满刮油腻子 → 刷油色 → 刷第 1 遍清漆 → 刷第 2 遍清漆 → 刷第 3 遍清漆

2 注意事项

涂刷时要按照蘸次要多、每次少蘸油、勤刷顺刷的要求，依照先上后下、先难后易、先左后右、先里后外的顺序操作。

3　施工尺寸

（1）润色油粉

　　① 用大白粉 24、松香水 16、熟桐油 2（重量比）等混合搅拌成色油粉。

　　② 待油粉干后，用 1 号砂纸顺木纹轻轻打磨，先磨线角，后磨平面，直到光滑为止。

（2）满刮腻子

腻子重量配比	抹腻子的重量配合比为石膏粉 20、熟桐油 7、水 50（重量比）
颜色色号	颜色浅于基层板材 1~2 色号

混油涂饰尺寸

　　混油主要用于涂刷未贴饰面板的木质构造表面，或根据设计要求需将木纹完全遮盖的木质构造表面。

1　操作流程

　　基层处理 ➡ 封底 ➡ 刮第一遍腻子 ➡ 涂刷打磨 ➡ 验收

2　注意事项

　　涂刷面层油漆时，应先用细砂纸打磨，如发现有缺陷，可用腻子复补后再用细砂纸打磨。

3 施工尺寸

（1）刮第一遍腻子

① 腻子配比为调和漆：松节油：滑石粉 = 6：4：适量（重量比）。

② 高强度腻子配比为光油：石膏粉：水 =3：6：1（重量比）。

③ 施工中应等上一遍腻子干透后再刮下一遍，每遍腻子的厚度应不超过 2mm。

（2）验收

拉线检查装饰线、分色线平直，误差应小于 1mm。

乳胶漆涂饰尺寸

乳胶漆在家装中的涂饰面积最大，用量最大，是整个油漆工程的重点。乳胶漆主要涂刷于室内墙面、顶面与装饰构造表面，还可以根据设计要求作调色应用。

1 操作流程

修补墙面 ➡ 基层处理 ➡ 刮腻子 ➡ 刷第 1 遍乳胶漆 ➡ 刷第 2、3 遍乳胶漆

2 **注意事项**

乳胶漆涂刷的施工方法有三种：排刷、滚涂和喷涂。

| 排刷 | 滚涂 | 喷涂 |

最省料，但比较费时间，墙面效果最后是平的。由于乳胶涂料干燥较快，每个刷涂面应尽量一次完成，否则易产生接痕。

用滚刷进行滚涂的作业，在效果、节省材料等方面都比较普通，但相对而言是性价比较高的施工方式。

喷枪的效果会比较好，墙面会出现颗粒状，施工效果比较自然、速度快、省时，但是有缺陷时不太容易修补。

3 **施工尺寸**

（1）基层处理

① 墙体完全干透是最基本条件，一般应放置 10 天以上。

② 混凝土或抹灰基层涂刷溶剂型涂料时，含水率不得大于 8%；涂刷乳液型涂料时，含水率不得大于 10%。

③ 木材基层的含水率不得大于 12%。

（2）刮腻子

腻子重量配比

乳胶：双飞粉：2% 羧甲基纤维素 =1：5：3.5；卫生间、厨房用腻子配合比为聚醋酸乙烯乳液：水泥：水 =1：5：1

基层粉刷石膏

根据平整度控制线，满刮基层粉刷石膏。如果满刮厚度超过 10mm，将需要再满贴一遍玻纤网格布后，然后继续满刮基层粉刷石膏。

刮腻子遍数

可由墙面平整程度决定，最少应满刮 2 遍。第 1 遍腻子厚度控制在 4 ~5mm，第 2 遍腻子厚度控制在 3~4mm，第 2 遍腻子必须等底层腻子完全干燥并打磨平整后进行施工。

晾干腻子

晾干腻子一般需要 3~5 天，在此期间之内，室内最好不要进行其他方面的施工，以防对墙面造成磕碰。

第
七
章

门窗安装中的
尺寸要求

门窗安装主要是指套装门、推拉门、防盗门以及户外窗的安装。其中，套装门在实际施工中安装数量较多，约有 3~6 套，推拉门约有 1~2 套，防盗门和户外窗则视具体情况而定。因此，了解门窗安装中的相关尺寸数据，可以帮助我们更精准地完成木作安装工艺。

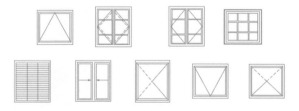

门窗安装相关数据与尺寸

门窗的安装一方面要了解门窗本身的分类与规格，另一方面要知晓建筑门洞等的测量与核算。

木门窗安装相关尺寸

木门窗是指以木材、木质复合材料为主要材料制作框和扇的门窗。

▲ 木窗

▲ 木门

1 符号表达

（1）按开启形式分类及代号

开启形式		固定	上悬	中悬	下悬	立转	平开	推拉	提拉	平开下悬	推拉平开	折叠平开	折叠推拉	弹簧
代号	门	G	—	—	—	—	P	T	—	—	TP	ZP	ZT	H
	窗	G	S	—	X	L	p	T	TL	PX	TP	ZP	ZT	—

注：固定门、固定窗与其他各种可开启形式门、窗组合时，以可开启形式代号表示。

（2）按用途分类及代号

外门窗	代号 W
内门内窗	代号 N
实木材料门窗	代号 SM
实木复合材料门窗	代号 SMFH
木质复合材料门窗	代号 MZFH

示例：
规格尺寸标志为 1000mm × 2100mm 的室内木质复合平开门，标记为：M-N（MZFH）P-100210。

2 规格尺寸

（1）平口平开门窗允许偏差

（单位：mm）

序号	类别	项目	要求
1	A	门窗框的正、侧面垂直度	≤ 2
2	B	框与扇接缝高低差	≤ 1
3	C	扇与扇接缝高低差	≤ 1
4	B	门窗扇与扇的配合间腺	≥ 1，且 ≤ 3.5
5	B	门窗扇与上框的配合间隙	≥ 1，且 ≤ 3（3.5）[①]
6	B	门窗扇与合页侧框的配合间隙	≥ 1，且 ≤ 3（3.5）[①]
7	B	门窗扇与锁侧框的配合间隙	≥ 1，且 ≤ 3（3.5）[①]
8	C	门扇与下框的配合间隙	≥ 3，且 ≤ 5

续表

序号	类别	项目		要求
9	C	窗扇与下框的配合间隙		≥ 1.5，且 ≤ 3
10	C	双层门窗框间距		±4
11	C	无下框时扇与地面的配合间隙	外门	≥ 4，且 ≤ 7
	C		内门	≥ 5，且 ≤ 8
	C		卫生间门	≥ 8，且 ≤ 12（20）[2]

注：第3项及第5项~10项为门窗厚不大于50mm时的规定值。门窗厚度大时，配合缝隙按设计要求。
　　① 括号中的数字，为产品在木材年平衡含水率大于13%地区使用时的框扇配合缝隙值。
　　② 括号中的数字适用于无百叶的卫生间门。

（2）框、扇尺寸的允许偏差

项目名称		允许偏差
高度	框、扇	±1.5mm
宽度	框、扇	±1.5mm
厚度	扇	±1.0mm
对角线长度差	框	≤ 2.5mm
	扇	≤ 2mm

项目名称		允许偏差
裁口、线条和结合处高低差	框、扇	≤ 0.5mm
相邻中梃、窗芯两端间距	扇	≤ 1mm
弯曲度	门框开、关面	≤ 2.0mm/m
	门框四侧面	≤ 0.8mm/m
	门扇开、关面	≤ 2.0mm/m
	门扇四侧面	≤ 1.0mm/m
	窗框开、关面	≤ 1.5mm/m
	窗框四侧面	≤ 0.5mm/m
	窗扇开、关面	≤ 1.5mm/m
	窗扇四侧面	≤ 1.0mm/m
局部表面平面度	扇	≤ 0.5mm

注: 1. 开、关面弯曲度,是框、扇正面或背面在门窗垂直方向的弯曲度。

2. 四侧面弯曲度,是框、扇周边门窗厚度方向的平面,在垂直门窗高度方向且平行宽度方向,或垂直门窗宽度方向且平行高度方向的弯曲度。

钢门窗安装相关尺寸

　　钢门是指用钢质型材或板材制作门框、门扇或门扇骨架结构的门。钢窗则是指用钢质型材、板材（或以钢质型材、板材为主）制作框、扇结构的窗。

▲ 钢窗

▲ 钢门

1　符号表达

（1）按用途分类及代号

　　外墙用门窗，代号为 W；内墙用门窗，代号为 N。

（2）按开启形式分类及代号

开启形式		固定	上悬	中悬	下悬	平开下悬	立转	平开	推拉	弹簧	提拉
代号	门	G	—	—	—	PX	—	P	T	H	—
	窗	G	S	Z	X	PX	L	P	T	—	TL

注：固定门、固定窗与其他各种可开启形式门、窗组合时，以开启形式代号表示。

（3）按材质分类及代号

材料	实腹热轧型钢	空腹冷轧普通碳素钢	彩色涂层钢板	不锈钢
代号	S	K	C	B

2 规格尺寸

（1）型材规格

（2）单樘门窗尺寸允许偏差

（单位：mm）

项目	尺寸范围	允许偏差
门框和门扇的宽度、高度尺寸	≤ 2000	±2.0
	> 2000	±3.0
窗框和窗扇的宽度、高度尺寸	≤ 1500	±1.5
	>1500	±2.0
门框及门扇两对边尺寸差	≤ 2000	≤ 2.0
	> 2000	≤ 3.0
窗框及窗扇两对边尺寸差	≤ 1500	≤ 2.0
	>1500	≤ 3.0

项目	尺寸范围	允许偏差
门框及门扇两对角线尺寸差	≤ 3000	≤ 3.0
	> 3000	≤ 4.0
窗框及窗扇两对角线尺寸差	≤ 2000	≤ 2.5
	> 2000	≤ 3.5
分格尺寸	—	±2.0
门扇宽、高方向弯曲度	1000	≤ 2.0
同一平面高低差	—	≤ 0.4
装配间隙	—	≤ 0.4

铝合金门窗安装相关尺寸

铝合金门窗，是指采用铝合金挤压型材为框、梃、扇料制作的门窗，简称铝门窗。

▲ 铝合金窗

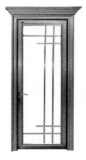

▲ 铝合金门

1 符号表达

（1）铝合金门

开启类别	平开旋转类		推拉平移类			折叠类	
开启形式	平开 （合页）	平开 （地弹簧）	推拉	提升推拉	推拉下悬	折叠平开	折叠推拉
代号	P	DHP	T	ST	TX	ZP	ZT

（2）铝合金窗

开启类别	开启形式	代码
平开旋转类	平开（合页）	P
	滑轴平开	HZP
	上悬	SX
	下悬	XX
	中悬	ZX
	滑轴上悬	HSX
	平开下悬	PX
	立转	LZ
推拉平移类	推拉（水平）	T
	提升推拉	ST
	平开推拉	PT
	推拉下悬	TL
	提拉	TL
折叠类	折叠推拉	ZT

2 规格尺寸

门窗及框扇装配尺寸偏差

（单位：mm）

项目	尺寸范围	允许偏差	
		门	窗
门窗宽度、高度构造尺寸	≤ 2000	± 1.5	
	> 2000~3500	± 2.0	
	> 3500	± 2.5	
门窗宽度、高度构造尺寸对边尺寸差	≤ 2000	≤ 2.0	
	> 2000~3500	≤ 2.5	
对角线尺寸差	> 3500	≤ 3.0	
	≤ 2500	2.5	
门窗框与扇搭接宽度	>2500	3.5	
	—	± 2.0	± 1.0
框、扇杆件接缝高低差	相同截面型材	< 0.3	
	不同截面型材	≤ 0.5	
框、扇杆件装配间隙	—	≤ 0.3	

塑料门窗安装相关尺寸

　　塑料门窗即采用 U-PVC 塑料型材制作而成的门窗。塑料门窗具有抗风、防水、保温等良好特性。

▲ 塑料窗

▲ 塑料门

1 未增塑聚氯乙烯塑料（PVC-U）门

（1）符号表达

开启形式与代号

开启形式	平开	平开下悬	推拉	推拉下悬	折叠	地弹簧
代号	P	PX	T	TX	Z	DH

注：1. 固定部分与上述各类门组合时，均归入该类门。

　　2. 固定纱扇代号为 S。

（2）规格尺寸

门外形尺寸允许偏差

（单位：mm）

项目	尺寸范围	偏差值
宽度和高度	≤ 2000	±2.0
	> 2000	±3.0

门窗及框扇装配尺寸偏差

装配	尺寸偏差
门框、门扇对角线之差	不应大于 3.0mm
门框、门扇相邻构件装配间隙	不应大于 0.5mm
门框、门扇相邻两构件焊接处的同一平面度	不应大于 0.6mm
关门时，门框、门扇四周的配合间隙	允许偏差 ±1.0mm
地弹簧门门框与门扇之间以及门扇与门扇之间的配合间隙	允许偏差 ±1.0mm
门扇与门框搭接量	允许偏差 ±2.0mm
压条角部对接处的间隙	不应大于 1.0mm

2 未增塑聚氯乙烯塑料（PVC-U）窗

（1）符号表达

开启形式	平开	推拉	上下推拉	平开下悬	上悬	中悬	下悬	固定
代号	P	T	ST	PX	S	C	X	G

注：1. 固定窗与上述各类窗组合时，均归入该类窗；

　　2. 纱扇代号为 A。

（2）规格尺寸

窗框、窗扇外形尺寸允许偏差

（单位: mm）

项目	尺寸范围	偏差值
宽度和高度	≤ 1500	± 2.0
	> 1500	± 3.0

窗框及窗扇装配尺寸偏差

装配	尺寸偏差
窗框、窗扇对角线之差	不应大于 3.0mm
窗框、窗扇相邻构件装配间隙	不应大于 0.5mm
窗框、窗扇相邻两构件焊接处的同一平面度	不应大于 0.6mm
关门时，窗框、窗扇四周的配合间隙	允许偏差 ± 1.0mm
地弹簧门门框与门扇之间以及门扇与门扇之间的配合间隙	允许偏差 ± 1.0mm
门扇与门框搭接量	允许偏差 ± 2.0mm
压条角部对接处的间隙	不应大于 1.0mm
平开窗窗扇高度大于 900mm，窗扇锁闭点	不应少于两个

3 玻璃纤维增强塑料门

（1）符号表达

开启形式	平开	早开下悬	推拉	推拉下悬	折叠
代号	P	PX	T	TX	Z

注：1. 固定部分与上述各类门组合时，均归入该类门。
　　2. 纱扇代号为 S。

（2）规格尺寸

型材规格

门用型材外壁厚	不应小于 2.2mm
门用型材横向弯曲强度	不应小于 50MPa
增强型钢的壁厚	不应小于 1.5mm

门外形尺寸允许偏差

（单位：mm）

项目	尺寸范围	偏差值
宽度和高度	≤ 2000	±2.0
	> 2000	±3.0

门窗及框扇装配尺寸偏差

装配	尺寸偏差
增强型钢端头距离型材内联接件	不宜大于 10mm
增强型钢与型材内腔在承载方向的配合间隙	不应大于 1mm
用于固定每根增强型钢的紧固件	不应少于三个，其间距不应大于 300mm
门框、门扇对角线之差	不应大于 3.0mm
门框、门扇相邻构件装配间隙	不应大于 0.5mm
门框、门扇相邻两构件焊接处的同一平面度	不应大于 0.6mm
关门时，门框、门扇四周的配合间隙	允许偏差 ±1.0mm
门扇与门框搭接量	允许偏差 ±2.0mm
压条角部对接处的间隙	不应大于 1.0mm

4 玻璃纤维增强塑料窗

（1）符号表达

开启形式	平开	推拉	上下推拉	平开下悬	上悬	中悬	下悬	固定
代号	P	T	ST	PX	S	C	X	G

注：1. 固定窗与上述各类窗组合时，均归入该类窗；

　　2. 固定纱扇代号为 S。

（2）规格尺寸

窗外形尺寸允许偏差

（单位：mm）

项目	尺寸范围	偏差值
宽度和高度	≤ 1500	± 2.0
	> 1500	± 3.0

门窗及框扇装配尺寸偏差

装配	尺寸偏差
窗框、窗扇对角线之差	不应大于 3.0mm
窗框、窗扇相邻构件装配间隙	不应大于 0.5mm
窗框、窗扇相邻两构件焊接处的同一平面度	不应大于 0.6mm
关门时，窗框、窗扇四周的配合间隙	允许偏差 ± 1.0mm
地弹簧门门框与门扇之间以及门扇与门扇之间的配合间隙	允许偏差 ± 1.0mm
门扇与门框搭接量	允许偏差 ± 2.0mm
压条角部对接处的间隙	不应大于 1.0mm
平开窗窗扇高度大于 900mm，窗扇锁闭点	不应少于两个

门窗玻璃安装尺寸要求

1 玻璃厚度与槽口尺寸

（1）单层玻璃

玻璃厚度与玻璃槽口的尺寸

（单位：mm）

玻璃厚度	密封材料					
	密封胶			密封条		
	a	b	c	a	b	c
5／6	≥ 5	≥ 10	≥ 7	≥ 3	≥ 8	≥ 4
8	≥ 5	≥ 10	≥ 8	≥ 3	> 10	≥ 5
10	≥ 5	≥ 12	≥ 8	≥ 3	≥ 10	≥ 5
3+3	≥ 7	> 10	≥ 7	≥ 3	≥ 8	≥ 4
4+4	≥ 8	≥ 10	≥ 8	≥ 3	≥ 10	≥ 5
5+5	≥ 8	≥ 12	≥ 8	≥ 3	≥ 10	≥ 5

注：a 表示玻璃面与槽口的缝隙，b 表示玻璃插入槽的距离，c 表示玻璃边缘距槽底面的距离。

（2）中空玻璃

中空玻璃厚度与玻璃槽口的尺寸

（单位：mm）

玻璃厚度	密封材料					
	密封胶			密封条		
	a	b	c	a	b	c
4+A+4	≥ 5	≥ 15	≥ 7	≥ 5	≥ 15	≥ 7
5+A+5						
6+A+6						
8+A+8	≥ 7	≥ 17				

注：A=6mm、9mm、12mm，为间隔气体层的厚度。

2 门窗玻璃最小安装尺寸

（1）单片玻璃、夹层玻璃

（单位：mm）

玻璃公称厚度	前部除隙或后部余隙 a	嵌入深度 b	边缘余隙 c
3	2.5	8	3
4	2.5	8	3
5	2.5	8	4
6	2.5	8	4
8	3.0	10	5
10	3.0	10	5
12	3.0	12	5
15	4.0	12	8
19	4.0	15	10
25	4.0	18	10

（2）中空玻璃

（单位：mm）

中空玻璃	固定部分				
	前部除隙或后部除隙 a	嵌入深度 b	边缘余隙 c		
			下边	上边	两侧
3+A+3	5	12	7	6	5
4+A+4		13			
5+A+5		14			
6+A+6		15			

注：A=6mm、9mm、12mm，为间隔气体层的厚度。

室内门安装

室内门安装主要指室内的套装门、推拉门的安装工法。

门的分类与尺度要求

门是指建筑物的出入口，又指安装在出入口能开关的装置。

1 门的分类

① 按门的框料材质分：木门、铝合金门、塑钢门、彩板门、玻璃钢门、钢门等。

② 按门扇的开启方式分：平开门、弹簧门、推拉门、折叠门、转门、卷帘门、升降门等。

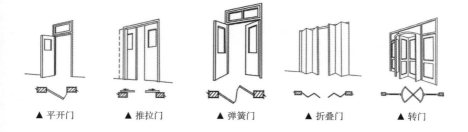

▲ 平开门　　▲ 推拉门　　▲ 弹簧门　　▲ 折叠门　　▲ 转门

2 门的尺度要求

一般情况下，门保证通行的高度不小于 2000 mm，当上方设亮子时，应加高 300~600mm。门的宽度应满足一个人通行，并考虑必要的空隙，一般为 700~1000mm，通常设置为单扇门。

门的测量与计算

门的测量要求门洞完成墙面垂直无倾斜，左右墙垛厚度一致，并在一个垂直端面上。

1 门洞的测量

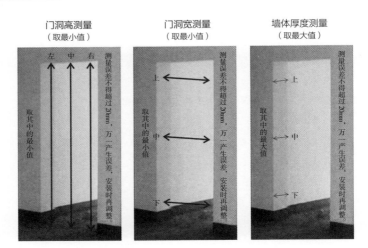

门洞高测量
（取最小值）

门洞宽测量
（取最小值）

墙体厚度测量
（取最大值）

（1）门洞的宽度

　　水平测量门洞左右的距离，选取三个以上的测量点进行测量，其中最小值（减门框调整余量）为门框外延宽度尺寸。

（2）门洞的高度

　　垂直测量门洞上下的距离，选取三个以上的测量点进行测量，其中最小值（减门框调整余量）为门框外延高度尺寸。

　　注：在测量过程中要注意地面处理情况，要预留出地面装修材料的厚度以备所需。

（3）门洞的墙体厚度

　　水平测量墙体厚度，选取三个以上的测量点进行测量，其中最大值为墙体厚度。如果墙面需要装修，则门洞墙体厚度需要附加装修材料的厚度。

2 门尺寸的核算

正常门

门扇高 =（洞口高 −50）÷（外形高 −40）

门扇宽 =（洞口宽 −80）÷（外形宽 −65）

竖板高 =［（外形高 −28）÷（门扇高 +12）］× 墙厚

顶盖宽 =［（外形宽 −78）÷（门扇宽 −13）］× 墙厚

门带亮窗

竖板 =（洞口高 −40）÷（外形高 −30）

上冒头 = 门扇宽 −13（凸台尺寸）

下冒头 = 上冒头 +20，双面喷漆

门扇高 = 要求高度，门扇宽和正常门一样

注：门扇宽 =（洞口宽 − 80）÷（外形宽 − 65）

对开门（不挫口）

门扇宽 =［（洞口宽 −90）÷（外形宽 −75）］÷2，
门扇高和正常门一样

冒头 =［（洞口宽 −90）÷（外形宽 −75）］× 墙厚，
竖板高度和正常门一样

子母门

小门门扇宽＝[（洞口宽 -90）÷（外形宽 -75）+20]×0.3
大门门扇宽＝[（洞口宽 -90）÷（外形宽 -75）+20]×0.7，门扇高和正常门一样
冒头＝[（洞口宽 -90）÷（外形宽 -75）]×墙厚，竖板高度和正常门一样

推拉门

（单滑门）：门扇高＝（洞口高 -100）÷（外形高 -75），竖板高＝门扇高
（双滑门）：门扇宽＝[（洞口宽 -90）÷（外形宽 -75）+100]÷2
（三滑门）：门扇宽＝[（洞口宽 -90）÷（外形宽 -75）+200]÷3
（四滑门）：门扇宽＝[（洞口宽 -90）÷（外形宽 -75）+200]÷4

折叠门（滑轨式折叠）

门扇高＝洞口高 -75（冒头厚）-15（缝隙）
门扇宽＝（洞口宽 -90）÷2
竖板高＝洞口高 -65
冒头＝洞口宽

折叠门（平开式折叠）

门扇高＝（洞口高 -50）÷（外形高 -40）
门扇宽＝[（洞口宽 -80）÷（外形宽 -65）-4]×扇数
竖板高＝（外形高 -28）÷（门扇高 +12）×墙厚 =2
顶盖宽＝（外形宽 -78）÷（门扇宽 -13）×墙厚

套装门安装尺寸

目前，门基本都是商场购买，很少现场做门，套装门的操作相对简单。

1 操作流程

组装门套 ➡ 门套矫正 ➡ 安装门板 ➡ 安装门套装饰线 ➡ 安装门档条 ➡ 安装门锁和门吸

2 注意事项

切割门套装饰线条。线条入槽，入槽时为避免损坏线条，可垫上柔软的纸，用锤子从根部轻砸入，先装两边，再装中间。

3 施工尺寸

（1）组装门套

① 门套横板压在两竖板之上，然后根据门的宽度确定两竖板的内径，比如门宽为800mm，两竖板的内径应该是808mm。

② 内径确定后，开始用钉枪固定，可选用50mm钢钉直接用枪打入。

（2）门套矫正

木条长度

先根据门的宽度截三根木条，比如门宽 800mm，木条的宽度应该是808mm，取门套的上、中、下三点，将木条撑起，需注意木条的两端应垫上柔软的纸，防止校正的过程中划伤门套表面。

钢钉选择

先固定外侧门套部分，可选用38mm 钢钉，将连接片的另一头固定在墙体上，固定时将连接片斜着固定在墙体上，这样装好线条后，可以保证连接片不外露，既牢固又美观。

（3）安装门板

① 先将合页安装在门板上，然后在门板底部垫约 5mm 的小板，将门板暂时固定在门套上面。

② 调整门左右与门套的间隙，根据需要将间隙加以调整，形成一条直线，宽约 3~4mm，然后依次将连接片与门套、墙体牢牢固定好。

（4）安装门锁和门吸

从门的最下方向上测量 950mm 处即是锁的中心位置，左右两面皆可。门吸安装在门开启的内侧，既可固定在墙面中，也可固定在地面上。

门套制作尺寸

门套用于保护门边缘墙角，防止日常生活中的无意磨损。门套制作与安装所使用的材料应符合设计要求和国家现行标准的有关规定。

1 操作流程

放线 ➡ 制作、安装木龙骨 ➡ 安装底板 ➡ 安装面板 ➡ 安装门套木线

2 注意事项

冬期施工环境温度不得低于 5℃；安装木质门套之后，应及时刷底油，并保持室内通风。

3 施工尺寸

（1）制作、安装木龙骨

钻孔孔距

在龙骨中心线上用电锤钻孔，孔距 500mm 左右，然后在孔内注胶浆。

骨架间距

根据门洞口的深度，用木龙骨做骨架，间距一般为 200mm。

骨架误差

安装完的骨架表面应平整，其偏差在 2m 范围内应小于 1mm。钉帽要冲入木龙骨表面 3mm 以上。

防腐木块数量

安装骨架时，骨架与墙面的间隙用防腐楔形方木块垫实，木块间隔应不大于 200mm。

（2）安装底板

骨架与地板的结合处刷防火涂料，然后用木螺钉或气钉钉到木龙骨上，一般钉间距为 150mm，钉帽要钉入底板表面 1mm 以上。

（3）安装面板

① 在面板上铺垫 50mm 宽五厘板条，待结合面乳胶干透约 48h 后取下。

② 面板也可采用蚊钉直接铺钉，钉间距一般为 100mm。

③ 门套过高，面板需要拼接时，拼缝离地面 1.2m 以上。

（4）安装门套木线

① 门套木线的背面应刨出卸力槽，槽深一般以 5mm 为宜。

② 将钉帽砸扁，顺木纹冲入板面 1~3mm，钉长宜为板厚的两倍，钉距不大于 500mm。

③ 门套木线的内侧应与门套留出 10mm 的裁口，避免安装合页时损伤门套木线。

（5）饰面处理

① 饰面板颜色、花纹应协调，木纹根部应向下，长度方向需要对接时，其接头位置应避开视线平视范围，宜在室内地面 2m 以上或 1.2m 以下，接头应留在横撑上。

② 饰面板接头为 45°，饰面板或线条盖住抹灰墙面应不小于 10mm。

推拉门安装尺寸

推拉门的安装有时候需要先安装轨道盒再铺贴瓷砖，因此最好在进行瓷砖铺贴的同时进行推拉门的安装，这样可以减少轨道旁的瓷砖开裂的情况。

1 操作流程

安装滑道 ➡ 安装滑轮以及门扇 ➡ 安装限位器 ➡ 安装导轨和门下限位器 ➡ 安装推拉门五金配件

2 注意事项

按照门洞宽度和开启方向安装滑道，以门洞宽度的中心为基准，分两边进行固定。滑道与门梁连接处的左右高度需要一致。

3 施工尺寸

（1）安装限位器

① 在上滑道的底部或内部采用角钢安装限位器，焊接在距离滑轮边 10mm 的位置，让门扇的开启区域限制在其有效范围内。

② 角钢与滑轮接触处要求设置必须在 20mm 以上，中间可以采用硬质橡胶垫作为缓冲。

（2）安装导轨和门下限位器

导轨需要露出地面 10~15mm，间距 500mm。而门下限位器在安装时，需要将门扇推到距外面 10~20mm 的位置，然后再用螺丝将限位器固定住。

室内窗安装

　　窗户有各种各样的款式，要想安装窗户，首先要测量好房间窗口的尺寸，定制好合适规格的窗子再开始安装。

室内窗户安装尺寸

　　在施工现场外按尺寸加工制作窗户框、玻璃，运抵施工现场。在安装前，应检验窗户尺寸与封阳台的洞口尺寸是否一致。

1 操作流程

　　安装连接铁件 ➡ 安装窗框 ➡ 塞缝 ➡ 安装窗扇以及五金配件

2 注意事项

　　将窗扇嵌入到窗框内，然后推拉检查窗扇的安装效果。塑料门窗安装小五金时，必须先在框架上钻孔，然后用自攻螺钉拧入，严禁直接锤击打入。

3 安装尺寸

安装连接铁件	从窗框宽度和高度两端向内各标出 150mm，作为第一个连接铁件的安装点，中间安装点间距不大于 600mm
塞缝	连接件与墙面之间的空隙内，也需注满密封膏，其胶液应冒出连接件 1~2mm

窗台板安装尺寸

窗台板施工属于半湿式施工，是将木方和半湿的砂子先铺底，然后将石材铺贴到上面的一种工法。

1 操作流程

窗台板的制作 ➡ 砌入防火木 ➡ 窗台板刨光 ➡ 拉线找平、找齐 ➡ 钉牢

2 安装尺寸

（1）窗台板的制作

　　① 表面应光洁，净料尺寸厚度在 20~30mm，比窗长 240mm。

　　② 板宽视窗口深度而定，一般要突出窗口 60~80mm，台板宽度大于 150mm。

（2）窗台板的安装

　　① 预先砌入防腐木砖，木砖间距 500mm 左右，每樘窗不少于两块，在窗框的下坎裁口或打槽（深 12mm 宽 10mm）。

　　② 窗台板的长度一般比窗樘宽度长 120mm 左右，两端伸出的长度应一致。

（3）窗台板安装的允许偏差

项目	允许偏差 / mm	检验方法
水平度	2	用 1m 水平尺和塞尺检查
上口、下口直线度	3	拉 5m 线，不足 5m 拉通线，用钢直尺检查
两端距窗洞口长度差	2	用钢直尺检查
两端出墙厚度差	3	用钢直尺检查

窗帘盒制作尺寸

现代窗帘盒一般有两种形式，一种是房间内有吊顶的，窗帘盒隐蔽在吊顶内；另一种是房间内无吊顶，窗帘盒固定在墙上，或与窗框套成为一个整体。

1 操作流程

基层处理 ➡ 刨光 ➡ 装配 ➡ 暗窗帘盒安装

2 注意事项

内藏式窗帘盒主要形式是在窗顶部位的吊顶处，做出一条凹槽，在槽内装好窗帘轨。作为含在吊顶内的窗帘盒，与吊顶施工一起做好。

3 施工尺寸

（1）基层处理

按图样要求截下的材料要长于要求规格 30~50mm，厚度、宽度分别大于 3~5mm。

（2）暗窗帘盒安装

窗帘盒的规格为高 100mm 左右，单杆宽度为 120mm，双杆宽度为 150mm 以上，长度最短应超过窗口宽度 300mm，窗口两侧各超过 150mm，最长可与墙体通长。

（3）允许偏差

项目	允许偏差 / mm	项目	允许偏差 / mm
水平度	2	两端距窗洞口长度差	2
上口、下口直线度	3	两端出墙厚度差	3

第八章

设备安装中的尺寸要求

洁具与灯具属于家庭装修中的后期安装项目。洁具与灯具的安装细节需要注意：洁具的安装重点在密封；灯具的安装重点在接线和固定。在安装过程中，只要按照指定的步骤施工，基本可以保证在后期的使用中不会出现问题。

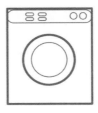

洁具安装

洁具安装工法是指卫生间内的各种洁具的安装方法，包括水龙头、洗菜槽、净水器、洗面盆、坐便器、蹲便器、小便器、淋浴花洒、浴缸以及地漏共十种。每种洁具的安装工法都不尽相同。

洗菜槽安装尺寸

洗菜槽在具体的安装施工中，安装洗菜槽槽体是一部分，安装水龙头以及排水管是另一部分，两部分都很重要。在施工时，需要同时进行，待所有环节安装完成后，再对洗菜槽周边进行打胶固定。

1 操作流程

预留水槽孔 ➡ 组装水龙头 ➡ 放置水槽 ➡ 安装溢水孔下水管 ➡ 安装过滤篮下水管 ➡ 安装整体排水管 ➡ 排水实验 ➡ 打胶

2 注意事项

溢水孔是避免洗菜盆向外溢水的保护孔，因此在安装溢水孔下水管的时候，要特别注意其与槽孔连接处的密封性，要确保溢水孔的下水管自身不漏水，可以用玻璃胶进行密封加固。

③ 安装尺寸

（1）组装水龙头

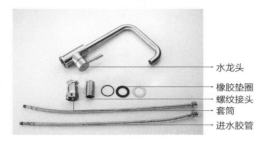

水龙头
橡胶垫圈
螺纹接头
套筒
进水胶管

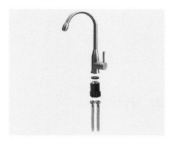

（2）放置水槽

台上水槽

一般的开孔尺寸是水槽整体尺寸的长和宽各减去30mm。譬如：整体尺寸为 680mm×460mm 尺寸的水槽，开孔尺寸就是 650mm×430mm。

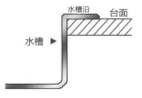

台中水槽

台中水槽的开孔尺寸其实和台上盆的开孔尺寸是一样的，都是水槽的长和宽各减去 30mm。同样譬如680mm×460mm 尺寸的水槽，安装台中盆，开孔尺寸就是 650mm×430mm。

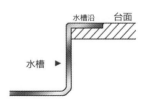

台下水槽

真正的台下盆安装，也叫全台下安装方法。所以，这个水槽安装台下方式的标准开孔尺寸就是盖住水槽的所有的水槽边。譬如一个整体尺寸 700mm×450mm 尺寸的水槽，如果水槽边的尺寸是 25mm 宽度，那么其开孔尺寸就是 650mm×400mm。

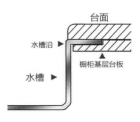

柜式洗面盆安装尺寸

洗面盆又叫洗手盆、台盆，其功能为洗手洗脸的容器，通常安装到卫生间中。在洗面盆的安装施工中，上玻璃胶是一个重要的环节，要求玻璃胶涂抹均匀，使洗面盆和洗手柜粘接牢固。

1 操作流程

定位找线 ➡ 框、架安装 ➡ 柜隔板支点安装 ➡ 柜扇安装

2 注意事项

当排水塞与洗脸盆连接时，排水塞的溢流孔应尽可能与洗脸盆的溢流孔对齐，以确保畅通的溢流位置。排水塞的上端面应低于插入后的洗脸盆。

3 安装尺寸

（1）框、架安装

① 两侧框每个固定钉 2 个钉子与墙体钉固，钉帽不得外露。

② 若隔墙为轻质隔板墙或加气混凝土，可以先钻宽 5mm、深 70~100mm 的孔。

（2）柜扇安装

安装柜扇时木螺丝应钉入全长的 1/3，拧入 2/3，如扇、框为黄花榉或其他硬木时，合页安装螺丝应划位打眼，眼深为螺丝的 2/3 长度，孔径为木螺丝的 0.9 倍直径。

坐便器安装尺寸

安装前应先检查排污管道是否畅通及安装地面是否清洁，然后确定坐便器安装位置。将坐便器排污口对准管道下水口慢慢放下，调整正确位置。

1 操作流程

裁切下水管口 ➜ 确定坐便器坑距 ➜ 在排污口上画十字线 ➜ 安装法兰 ➜ 安装坐便盖 ➜ 坐便器周围打胶 ➜ 安装角阀和连接软管

2 注意事项

坐便器安装完成后，清洁地面和工具，禁止立即使用，保持坐便器周边 24h 内不接触水。

3 安装尺寸

（1）裁切下水管口

根据坐便器的尺寸，把多余的下水口管道裁切掉，一定要保证排污管高出地面 10mm 左右。

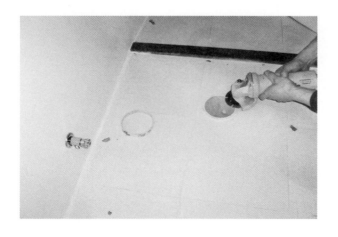

（2）安装角阀和连接软管

① 先检查自来水管，放水 3 ~ 5 分钟冲洗管道，以保证自来水管的清洁。

② 之后安装角阀和连接软管，将软管与水箱进水阀连接后接通水源，检查进水阀进水及密封是否正常。

地漏安装尺寸

常见的地漏施工较为简单，只需根据家中地面所预留的位置来挑选相应的地漏产品，再将水泥砂浆均匀涂抹在地漏背面，和下水口齐平粘贴，盖好表盖就可以了。

1 操作流程

确定地漏位置 ➔ 画线 ➔ 开孔 ➔ 安装排水管 ➔ 排水管固定、吊模、封堵 ➔ 安装地漏主体 ➔ 安装防臭芯塞 ➔ 测试坡度以及地漏排水效果

2 注意事项

地漏安装前，应检查、复核所在安装位置空间的装修完成面，如卫生间比室外地坪低 2cm，其余部位地漏安装面板比完成面低 5mm 为宜，且地坪的坡度要坡向地漏。

3　安装尺寸

（1）开孔

　　楼板开孔需大于排水管管径 40~60mm，孔壁需进行凿毛处理。用专用模具支撑，浇捣需用水泥砂浆分二次以上封堵浇捣密实。

（2）安装排水管

　　排水栓和地漏的安装应平正、牢固，低于排水表面，周边无渗漏。地漏水封高度不得小于 50mm。地漏应设置在易溅水的器具附近地面的最低处，地漏顶面标高应低于地面 5 ~ 10mm。

（3）安装地漏主体

　　以下水管为中心，将地漏主体扣压在管道口，用水泥或建筑胶密封好。地漏上平面以低于地砖表面 3 ~ 5mm 为宜。

（4）测试坡度

　　地面找坡符合排水要求，找坡率 0.3%~0.5%。

灯具安装

灯具安装工法是指室内灯具的组装与安装。组装灯具包括吊灯、吸顶灯、落地灯、台灯、壁灯等，这一类灯具均需要先组装，然后再安装；可直接安装的灯具有筒灯、射灯、暗藏灯带以及浴霸。

吊灯安装尺寸

吊灯的安装需要根据吊顶的材质来进行，例如吊顶是轻钢龙骨石膏板防火材料时可开孔直接安装灯具，如是木结构吊顶则必须在开灯孔处作防火隔热处理。

1 操作流程

预留接线盒 → 固定导线 → 固定底座 → 安装灯泡 → 测试灯泡 → 安装灯罩

2 注意事项

普通吊顶灯采用软导线自身做吊线时，只适用于灯具重量在 1kg 以下，大于 1kg 的灯具应采用吊链。

3 安装高度

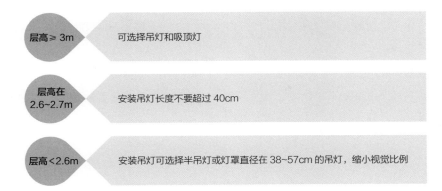

层高≥3m	可选择吊灯和吸顶灯
层高在2.6~2.7m	安装吊灯长度不要超过40cm
层高<2.6m	安装吊灯可选择半吊灯或灯罩直径在38~57cm的吊灯，缩小视觉比例

4 安装尺寸

（1）预留接线盒

　　吊灯安装在混凝土顶面上时，可采用预埋件、穿透螺栓及胀管螺栓紧固。安装时可视灯具的主题和重量来决定所采用胀管螺栓的规格，但最小不宜小于 M6（毫米），多头吊灯不宜小于 M8（毫米），螺栓数量至少要 2 枚。

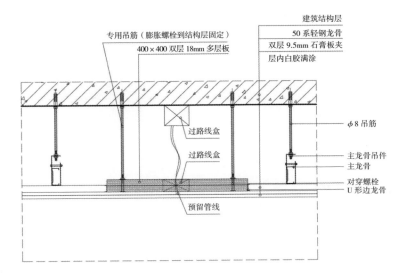

（2）固定底座

螺钉数量

灯具底座可以用胀管螺栓紧固，也可以用木螺丝在预埋木砖上紧固。如果灯座底座直径超过 100mm，必须用 2 枚螺钉。

配件规格

灯具底座安装如果采用预埋螺栓、穿透螺栓，其螺栓直径不得小于 6mm。灯具在底台上固定可采用木螺丝，木螺丝的数量不应少于灯具给定的安装孔数。

（3）安装吊灯

轻型吊灯

① 吊灯的重量大于 3kg 时，最好采用预埋中钩或螺栓固定，假如软线吊顶灯具的重量大于 0.5kg 时，要设置吊杆或者吊链来悬挂吊灯。

② 安装轻型吊灯时，需要在安装部位预设 400mm×400mm 的 18mm 多层板，板面与龙骨面齐平，多层板须采用 ϕ8 膨胀螺栓固定在结构顶面，并与吊顶龙骨固定连接，吊灯重量不能超过 8kg。

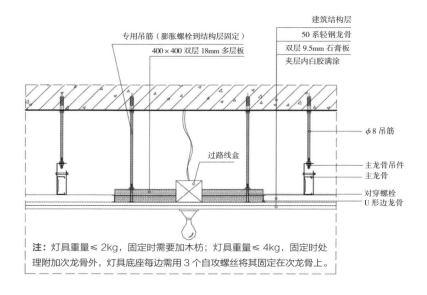

注：灯具重量≤2kg，固定时需要加木枋；灯具重量≤4kg，固定时处理附加次龙骨外，灯具底座每边需用 3 个自攻螺丝将其固定在次龙骨上。

重型吊灯

安装重型吊灯时，须在结构板底面预设挂钩，根据拟设灯具重量确定挂钩承载率。超重型灯具（>8kg）以及有震动的电扇等，均需自行吊挂，不得与吊顶发生受力关系。灯具应该吊在龙骨结构上。

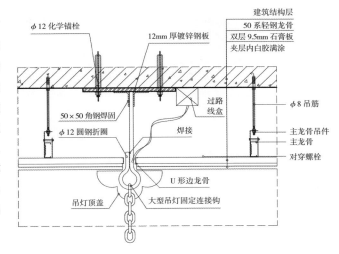

筒灯安装尺寸

筒灯的提亮效果出色，当空间内只设计主光源，而角落照明亮度不够时，适合设计筒灯来辅助主光源照明。

1 操作流程

开孔定位，吊顶钻孔 ➡ 接线 ➡ 安装 ➡ 测试

2 常见规格

① 明装筒灯：2.5寸、3寸、4寸、5寸、6寸。

② 横装筒灯：4寸、5寸、6寸、8寸、9寸、10寸、12寸。

③ 竖装筒灯：2寸、2.5寸、3寸、3.5寸、4寸、5寸、6寸。

3 安装尺寸

（1）开孔

不同规格的筒灯在安装时需要的开孔尺寸不同。

筒灯规格	开洞尺寸
2 寸筒灯	ϕ 70
2.5 寸筒灯	ϕ 80
3 寸筒灯	ϕ 90
3.5 寸筒灯	ϕ 100
4 寸筒灯	ϕ 125
6 寸筒灯	ϕ 170
8 寸筒灯	ϕ 210
10 寸筒灯	ϕ 260

注：明装筒灯无需开孔。

（2）安装

将筒灯安装进吊顶内，并展开筒灯两侧的弹簧扣，卡在吊顶内侧。

1. 将弹簧扣垂直
2. 放入天花板孔内

弹簧扣 ——
—— 天花板

浴霸安装尺寸

浴霸主要安装在卫生间中，其本身继承了照明、控温、换气等多种功能。一般浴霸的安装位置会靠近淋浴房的上方，而不是卫生间的正中央，因为这样可以起到更好的升温作用。

1 操作流程

准备工作 → 取下浴霸面罩 → 接线 → 连接通风管 → 安装箱体 → 安装面罩 → 安装灯泡 → 固定开关

2 注意事项

交互连软线的一端与开关面板接好，另一端与电源线一起从天花板开孔内拉出。打开箱体上的接线柱罩，按接线图及接线柱标志所示接好线。盖上接线柱罩，用螺栓将接线柱罩固定，然后将多余的电线塞进吊顶内，以便箱体能顺利塞进孔内。

3 安装尺寸

（1）准备工作

确定浴霸类型；确定浴霸安装位置；开通风孔（应在吊顶上方 150mm 处）；安装通风窗；吊顶准备（吊顶与房屋顶部形成的夹层空间高度不得小于 220mm）

（2）安装箱体

根据出风口的位置选择正确的方向，把浴霸的箱体塞进孔穴中，用 4 颗直径 4mm、长 20mm 的木螺钉将箱体固定在吊顶木档上。

电器安装

电器安装是指室内常用的家用电器的安装方法，常见空调、壁挂电视、储水式热水器以及吸油烟机等安装。其中空调、储水式热水器以及吸油烟机通常是包安装的，由供货商负责派人上门安装。壁挂电视由于安装方式简单，可由现场工人进行安装。

空调安装尺寸

在具体安装前，首先要仔细查看所购空调是否完好、随机文件和附件是否齐全。待装空调应附有生产厂产品合格证、保修卡和安全认证标志。

1 操作流程

选择安装位置，固定安装板 ➡ 打过墙孔 ➡ 安装连接管 ➡ 包扎连接管 ➡ 安装空调箱体

2 注意事项

检查空调有无漏水现象。在空调安装完以后，马上试机（制冷），如果在运行了一定时间没有水滴漏下，就基本不会出现漏水问题。

3 安装尺寸

（1）选择安装位置，固定安装板

① 挂式空调安装位置宜离天花板3cm 以上，小于这个距离会影响进气。距离地面 1.8~2.0m，是出风最为顺畅的高度，两边墙面留出至少 15cm 的

空间。

②自攻螺钉固定先用 $\phi6$ 钻头的电锤打好固定孔，固定孔不得少于 4 个，用水平仪确定安装板的水平。

（2）打过墙孔

根据机器型号选择钻头，使用电锤或水钻打过墙孔。打孔时应尽量避开墙内外有电线、异物及过硬墙壁，孔内侧应高于外侧 0.5~1cm，从室内机侧面出管的过墙孔应该略低于室内机下侧。

（3）安装连接管

安装连接管

将室内机输出输入管的保温套管撕开 10~15cm，方便与连接管连接，连管时先连接低压管后接高压管。

检查软管长度

检查空调软管连接处的长度，应不大于 150mm。看软管连接是否牢固，是否存在瘪管和强扭现象。

（4）包扎连接管

排水管接口要用万能胶密封，水管在任何位置不得有盘曲；伸展管道时，可用乙烯胶带固定 5~6 个部位。横向抽出管道的情况下，应覆盖绝热材料。

壁挂电视安装尺寸

采用壁挂的方式安装平板电视，既节约空间又美观。电视挂到墙面上，一般都是利用挂架固定来实现的。通过将相匹配的挂架固定到墙面上，然后再将电视固定到挂架上，从而实现电视挂到墙面而不掉落。

1 操作流程

确定电视安装位置 → 组装壁挂架并固定到墙面 → 固定电视机

2 注意事项

如果是材质疏松的安装面，如旧式房屋砖墙、木质等结构，或安装面表面装饰层过厚，当其负重、支撑强度明显不足时，应采取相应的加固、支撑措施。

3 安装尺寸

（1）确定电视安装位置

① 壁挂电视的观看距离至少为电视显示屏对角线距离的 3~5 倍，安装高度应以业主坐在凳子或沙发上，眼睛宜平视电视中心或稍下。

② 一般电视的中心点离地为 1.3m 左右。根据安装位置的要求，确认在安装面上操作的部位没有埋藏水、电、气等管线。

（2）平移误差

平板电视安装的整机位置平移误差应小于 1cm，左右倾斜度误差小于 1°。此外，还应按照使用说明书的要求进行试机。

储水式热水器安装尺寸

电热水器的安装位置要选好。虽然浴室一般都比较潮湿，但是安装热水器时要选择一个相对干燥且通风良好的位置，但是也不要安装在阳光可以直接照射到的地方。

1 操作流程

测量尺寸 ➡ 铅笔做记号 ➡ 冲击钻打眼 ➡ 安装热水器 ➡ 缠上生料带 ➡ 安装角阀，连接软管 ➡ 通电测试

2 注意事项

在储水式热水器安装前；先确定安装位置的墙体是否为厚度在 10cm 以上的实心墙，这是保证电热水器安装牢固的重要条件。

3 安装尺寸

（1）测量尺寸

检查热水器安装位置是否留有足够的维修空间，其右侧（电器元件部分）需与墙面至少距离 30cm，便于日后检修。

（2）通电测试

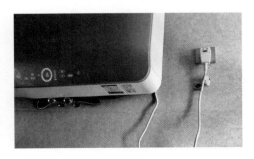

检查电热水器的电、气接头是否在热水器安装位置的 1m 范围内，检查有无设置单独使用的三相插座。2000W 以下的功率应选配 10A 插座，2500W 以上的需选配 16A 插座。

吸油烟机安装尺寸

吸油烟机须直接固定于墙面。吸油烟机的正规安装方法是用膨胀螺栓水平地将吸油烟机固定在混凝土或砖墙墙面上，不能直接固定在非承重墙墙面上，更不能固定在橱柜上。

1 操作流程

测量墙面尺寸 → 标记钻眼位置 → 安装排烟管道 → 固定吸油烟机

2 注意事项

在预留吸油烟机安装位置时，需考虑吸油烟机不能安装在挨近门窗等空气对流强的位置，以免影响吸烟效果。因为如果空气对流过大，油烟在上升至 25cm 的有效吸力范围内就会扩散到室内空间。

3 安装尺寸

测量墙面尺寸

测量待安装墙面尺寸，确定吸油烟机的安装高度。一般情况下，吸油烟机的底部距离橱柜台面 650~750mm。